J French 551.5 Cos

Cosgrove, B.
Le temps qu'il fera.

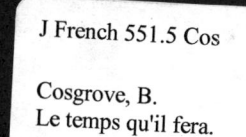

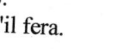

PRICE: $24.95 (3582/06)

le temps qu'il fera

Baromètre coudé
du XIXᵉ siècle

Temps
de plaine

Temps de montagne

Baromètre
anéroïde
du XIXᵉ siècle

Baromètre et
thermomètre
florentins
à mercure

Type de temps
de montagne

Macrophotographie de cristal de neige en aiguille

le temps qu'il fera

par
Brian Cosgrove

Photographies originales
de Karl Shone et de Keith Percival

Macrophotographie de cristal de neige en aiguille

Hygromètre de poche et son étui

Coq de clocher (giroutette)

Thermomètre ancien anglais

Type de front froid

GALLIMARD

Statue du dieu
solaire aztèque

Pommes de pin ouverte et refermée
selon l'humidité de l'air

Quadrant

Comité éditorial

Londres :
Alison Anholt-White, Louise Barratt, Marion Dent,
John Fardon, Jacquie Gulliver, Julia Harris,
Diana Morris, Helen PArker et Jim Sharp

Paris :
Christine Baker, Jacques Marziou
et Elisabeth Robinson

Edition française traduite et adaptée par
Jean-Pierre Verdet, Observatoire de Paris

Collection créée par
Pierre Marchand
et
Peter Kindersley

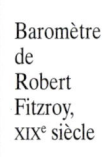

Baromètre
de
Robert
Fitzroy,
XIXe siècle

ISBN 2-07-053961-X
La conception de cette collection est le fruit
d'une collaboration entre les Editions Gallimard
et Dorling Kindersley.
© Dorling Kindersley Limited, Londres 1990
© Editions Gallimard, Paris 1990, pour l'édition française
Loi n° 49-956 du 16 juillet 1949
sur les publications destinées à la jeunesse
Pour les pages 64 à 71 :
© copyright 2002 Dorling Kindersley Ltd, Londres
Édition française des pages 64 à 71 :
© copyright 2002 Éditions Gallimard, Paris
Traduction : Bruno Porlier - Édition : Bruno Porlier
Relecture-spécialiste : Jacques Manach, Météo-France
Préparation : Pierre Granet - Mise en page : Bruno Porlier
Correction : Lorène Bücher - Flashage : IGS (16)
Dépôt légal : septembre 2002
N° d'édition : 10977

Imprimé en Chine par Toppan Printing Co.,
(Shenzen) Ltd

Thermomètre
de verre florentin,
XVIIe siècle

SOMMAIRE

NOTRE AIR EST EN MOUVEMENT 6

PRÉVOIR PAR DES INDICES NATURELS 8

QUAND NAQUIT LA SCIENCE DU TEMPS 10

AVOIR L'ŒIL SUR LE TEMPS 12

DES SATELLITES AUX BULLETINS MÉTÉOROLOGIQUES 14

LE POUVOIR DU SOLEIL 16

UN JOUR ENSOLEILLÉ 18

UN JOUR GLACIAL 20

IL Y A DE L'EAU DANS L'AIR 22

LES NUAGES NAISSENT DE L'HUMIDITÉ 24

UN JOUR NUAGEUX 26

LE CIEL OFFRE DES NUAGES DE TOUTES ESPÈCES 28

UN JOUR PLUVIEUX 30

FRONTS ET DÉPRESSIONS : LES ARTISANS DU TEMPS 32

ET SOUDAIN, LA TEMPÊTE... 36

LA MOUSSON S'INSTALLE RÉGULIÈREMENT 38

UN JOUR NEIGEUX 40

QUAND SOUFFLE LE VENT 42

LES OURAGANS, DES VENTS QUI DÉVASTENT 44

LES TORNADES, DES VENTS QUI TOURNOIENT 46

UN JOUR BRUMEUX 48

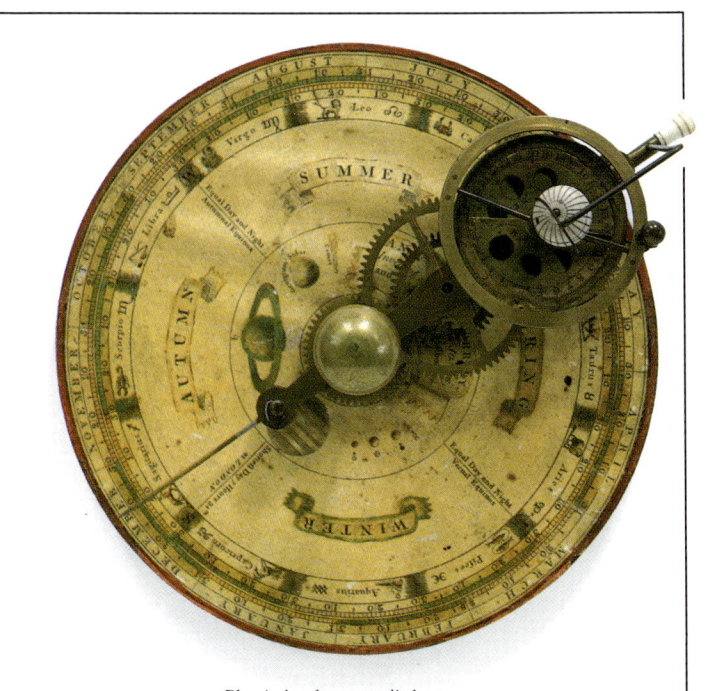

Planétaire du XVIIIe siècle montrant les planètes et les saisons

«QUEL TEMPS FERA-T-IL AUJOURD'HUI?» 50

LE TEMPS DE MONTAGNE 52

LE TEMPS DE PLAINE 54

LE TEMPS DE MER 56

QUAND LE CIEL SE COLORE 58

LE TEMPS À TRAVERS LES ÂGES 60

UNE STATION MÉTÉOROLOGIQUE À DOMICILE 62

LE SAVIEZ-VOUS ? 64

PRÉVOIR LE TEMPS 66

POUR EN SAVOIR PLUS 68

GLOSSAIRE 70

INDEX 72

NOTRE AIR EST EN MOUVEMENT

Notre planète est entourée d'une couche d'air, l'atmosphère, composée de différents gaz. Sans elle, la vie y serait impossible : le jour, nous serions brûlés par la chaleur intense du soleil, la nuit, nous serions frigorifiés. S'élevant à plus de 1 000 kilomètres, l'atmosphère, pour 99 % de sa masse, est aussi calme et immuable que l'espace lointain. Mais, dans les dix premiers kilomètres d'altitude, l'air dans lequel nous respirons et vivons est constamment en mouvement, agité par la chaleur solaire. C'est la perpétuelle turbulence de cette basse couche de l'atmosphère – la troposphère – qui produit tous les phénomènes que nous appelons « le temps », des calmes et chauds jours de l'été aux violentes tempêtes de l'hiver.

PRENDRE L'AIR
James Glaisher et Robert Coxwell, des chercheurs anglais du XIXe siècle, risquèrent leur vie en ballon pour étudier l'atmosphère. Ils découvrirent que l'air devenait plus froid au fur et à mesure qu'ils s'élevaient. Mais dès 1902, des ballons-sondes montrèrent que l'air ne se refroidit que jusqu'à la tropopause, mince couche au sommet de la troposphère.

Nuages équatoriaux indiquant la « zone de convergence intertropicale » où les alizés soufflant du nord et du sud se rencontrent.

Tourbillons de nuages indiquant les dépressions qui apportent le mauvais temps sur les latitudes moyennes.

Zone de pluie due à une dépression

Air sec et clair sur le désert du Sahara

Nuages alignés avec les alizés orientaux soufflant vers l'équateur

Europe

Afrique

RESPIRER POUR VIVRE
En 1770, les expériences du chimiste anglais Joseph Priestley sur des souris montrèrent que l'air contient « quelque chose » de vital pour les animaux. Il pensa qu'il s'agissait d'une substance, le « phlogistique ».

LA PLANÈTE NUAGEUSE
Ces grands tourbillons de nuages qui enveloppent la Terre sont la manifestation spectaculaire de l'incessant mouvement des gaz dans la troposphère. Les principaux types de temps sont pour la plupart clairement repérables. Le long de l'équateur s'étire un ruban de nuages long de 1 000 km : dans cette région, la chaleur intense agite fortement les couches supérieures de l'air. La vapeur d'eau de l'océan transportée dans l'atmosphère refroidit se condense en nuages (pp. 24-25).

Océan Atlantique

Zone où les vents d'ouest sont imprévisibles

COMPOSITION DE L'AIR
En 1780, le chimiste Antoine Lavoisier trouva que la « substance vitale » de Priestley était un gaz qu'il appela oxygène et que l'air en contenait deux autres, l'azote et le gaz carbonique. L'oxygène représente 21 % de l'air, l'azote, 78 %, le gaz carbonique et les autres gaz, 1 %

PLANÈTE À MILLE TEMPS
Divers systèmes météorologiques coexistent sur la planète et un grand nombre de formations nuageuses semblables peuvent être observées autour du globe. Si la bande équatoriale de nuages n'est pas très nette, sous les latitudes moyennes, les tourbillons des dépressions transportant les tempêtes vers l'ouest sont clairement visibles. Il se forme des tourbillons parce que la rotation de la Terre (d'ouest en est) dévie les vents qui s'écoulent entre l'équateur et les pôles – un facteur dit force de Coriolis (pp. 42-43). Le sens de rotation des tourbillons s'inverse d'un hémisphère à l'autre.

Vents d'ouest imprévisibles

Ouragans tournant en spirales sur l'Atlantique et sur les Caraïbes

Bande de nuages le long de l'équateur, due aux forts courants d'air mus par la chaleur

Amérique du Nord

Amérique du Sud

Nuages se formant sur l'océan chaud

Océan Pacifique

Dépressions filant à travers l'océan Austral sans rencontrer de pays avant l'Australie

Thermosphère
Mésopause
Mésosphère
Stratopause
Stratosphère
Tropopause
Troposphère

Altitude en km

Niveau de la mer

AIR CHAUD, AIR FROID
Lorsqu'on s'élève dans l'atmosphère, on rencontre de l'air plus chaud ou plus froid selon la couche traversée. Dans la troposphère, la couche inférieure génératrice du temps, la température s'abaisse quand l'altitude augmente. Cependant, tout en haut, dans la thermosphère, le soleil élève la température à 2 000 °C.

AU-DESSUS DU TEMPS
C'est seulement dans la troposphère que se crée le temps, car cette couche contient beaucoup de vapeur d'eau. Sans vapeur d'eau, il n'y a pas de nuages, pas de pluie ni de neige, donc pas de temps. Pour éviter les turbulences de la troposphère, les jets modernes volent au-dessus des nuages, dans la stratosphère, où l'air est clair et calme.

PRÉVOIR PAR DES INDICES NATURELS

Tous ceux dont l'existence dépend du temps ont appris depuis des siècles que le monde qui les entoure donne toutes sortes d'indices sur l'évolution du temps. Transmis de génération en génération, les présages portent sur des riens comme la couleur du ciel ou le toucher des bottes au petit matin. Ces croyances populaires ressortissent plus à la superstition qu'à la science ; pourtant, une partie d'entre elles est fondée sur une observation attentive des phénomènes naturels et donne parfois une prévision relativement précise. Des variations imperceptibles de l'air affectent les plantes et les animaux : un changement dans leur apparence ou dans leur comportement peut être le signe d'une modification prochaine du temps.

QUEL TEMPS FAIT-IL ?
Au cours des siècles, les hommes ont appris à connaître le temps et à en discerner les signes naturels annonciateurs.

LE « BAROMÈTRE DES GUEUX »
Les fleurs minuscules du mouron rouge, une mauvaise herbe, s'ouvrent largement par temps ensoleillé et se ferment hermétiquement dès que la pluie est dans l'air.

2 FÉVRIER : JOUR DE LA MARMOTTE
Aux Etats-Unis, un dicton affirme que si, ce jour-là, on peut voir à midi l'ombre d'une marmotte, il fera froid pendant six semaines. Hélas, les enregistrements du temps ont montré que les marmottes se trompent souvent.

Couche de soleil

Lever de soleil

VOIR ROUGE
La vieille sagesse populaire dit : « Ciel rouge le soir réjouit le berger, ciel rouge le matin inquiète le berger », ce qui signifie qu'un couchant sec serait suivi d'une belle matinée et qu'une aurore sèche serait suivie d'orages. Ce dicton se vérifie souvent.

BAROMÈTRE NATUREL
Au bord de la mer, on accroche souvent aux portes des touffes de varech. Par beau temps, cette algue se ratatine et devient sèche. Si la pluie menace, elle devient humide et gonfle.

UN AVERTISSEUR FRISÉ
La laine est très sensible à l'humidité donc à la moiteur de l'air. Elle se rétrécit et frisotte quand celui-ci est sec. Elle annonce la pluie quand elle gonfle et redevient normale.

LE CRIQUET INDICATEUR
Comme beaucoup de petits animaux, les criquets sont sensibles aux changements de temps, grésillant de plus en plus fort lorsque la température monte. Les criquets « chantent » en frottant une petite lime, située sur leurs pattes postérieures, contre le bord de leurs ailes antérieures.

Par temps humide   Par temps sec

LES CÔNES DU TEMPS
Les propriétés hygrométriques de la pomme de pin sont bien connues. Par temps sec, les écailles du cône de pin se durcissent, rétrécissent et s'ouvrent. Quand l'air est moite, elles absorbent l'humidité, s'assouplissent et le cône reprend son aspect normal. A l'approche de la pluie, elles se resserrent.

Chêne   Frêne

GLOIRES DU MATIN
Comme le mouron rouge, les pétales du volubilis s'ouvrent et se ferment selon les variations atmosphériques : les fleurs grandes ouvertes indiquent le beau temps.

PETITE PLUIE OU DÉLUGE ?
« Si le chêne fleurit avant le frêne, la pluie freine » (c'est-à-dire qu'il pleuvra légèrement le mois suivant) ; « si le frêne fleurit avant le chêne, la pluie se déchaîne » (il y aura beaucoup de pluie). A croire ce dicton, des signes naturels peuvent indiquer le temps plusieurs jours à l'avance aussi bien que pour les quelques heures à venir. Ces prédictions à long terme sont douteuses.

QUAND LES VACHES SE COUCHENT
Des vaches couchées dans un pré indiqueraient que la pluie approche. Les vaches sentiraient l'humidité de l'air et se garantiraient un endroit sec où se reposer. Bien que beaucoup d'animaux soient sensibles aux phénomènes atmosphériques, ce présage se révèle aussi souvent faux que juste.

LE PRINTEMPS EST LÀ
Pour annoncer la fin de l'hiver, un des signes les plus connus est la première apparition des fleurs du marronnier. Si les premières floraisons apparaissent seulement dès que le temps s'est adouci, ce n'est pas une garantie contre un retour éventuel du froid.

LA QUEUE DE L'HIVER
Selon un dicton, on peut s'attendre à un hiver sévère si, en automne, les écureuils ont la queue très touffue ou s'ils amassent beaucoup de noisettes.

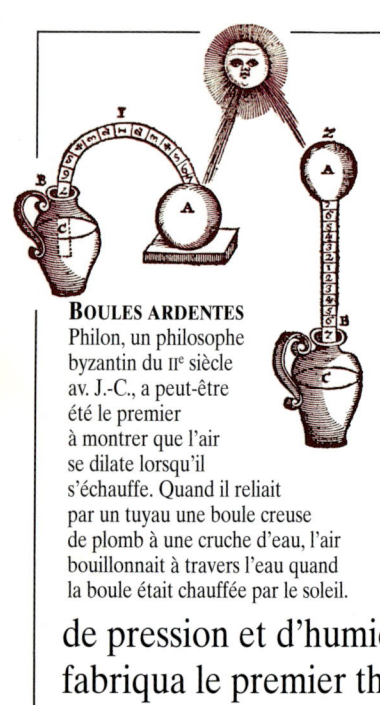

QUAND NAQUIT LA SCIENCE DU TEMPS

L'évolution du temps et l'atmosphère ont préoccupé les philosophes de la nature depuis la Grèce ancienne. C'est Aristote, un philosophe grec, qui le premier parla de météorologie pour désigner la science qui étudie le temps. Toutefois, l'étude scientifique des phénomènes atmosphériques n'a commencé qu'à la fin de la Renaissance, au XVIIe siècle, quand ont été développés les instruments pour mesurer les variations de température, de pression et d'humidité. En Italie, vers 1600, le physicien Galilée fabriqua le premier thermomètre. Cet instrument, appelé alors thermoscope, était peu précis. Quelques 40 ans plus tard, son disciple, Torricelli, inventa le baromètre pour mesurer la pression de l'air. Le premier thermomètre réellement fiable – à alcool –, fut inventé en 1709 par Daniel Farenheit, qui fabriqua, en 1714, un thermomètre à mercure. Ce physicien inventa également quelques-uns des premiers instruments météorologiques.

BOULES ARDENTES
Philon, un philosophe byzantin du IIe siècle av. J.-C., a peut-être été le premier à montrer que l'air se dilate lorsqu'il s'échauffe. Quand il reliait par un tuyau une boule creuse de plomb à une cruche d'eau, l'air bouillonnait à travers l'eau quand la boule était chauffée par le soleil.

Disques de papier absorbant l'eau
Pivot
Graduation indiquant l'humidité

HUMIDE OU SEC ?
Aux XVIIe et XVIIIe siècles, les savants exploraient toutes sortes de voies pour mesurer l'invisible humidité de l'air. Cet hygromètre anglais permettait cette mesure. Il consiste en une balance dont l'un des bras est chargé d'une pile de disques de papiers doux. Si l'air est sec, les disques le sont aussi et leur poids est minimal. Si l'air est humide, ils absorbent l'eau, s'alourdissent et le bras portant l'index est déplacé.

L'EAU GLACÉE
Cette copie d'un des plus vieux hygromètres de précision, conçu par le grand-duc Ferdinand II de Médicis, a un cœur creux qui peut être rempli de glace. L'humidité de l'air se condense sur la paroi extérieure, puis est recueillie dans le cylindre de mesure. La quantité d'eau collectée indique l'humidité ambiante.

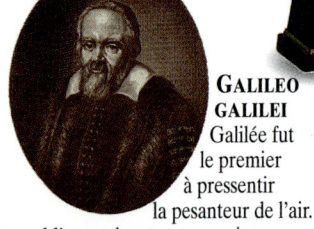

Vase collecteur d'eau

GALILEO GALILEI
Galilée fut le premier à pressentir la pesanteur de l'air. Il posa le problème suivant : pourquoi une pompe aspirante ne peut-elle pas élever une colonne d'eau d'une hauteur supérieure à 9 m ? Ainsi il prépara la voie à la découverte, par son disciple, Toricelli, de la pression atmosphérique.

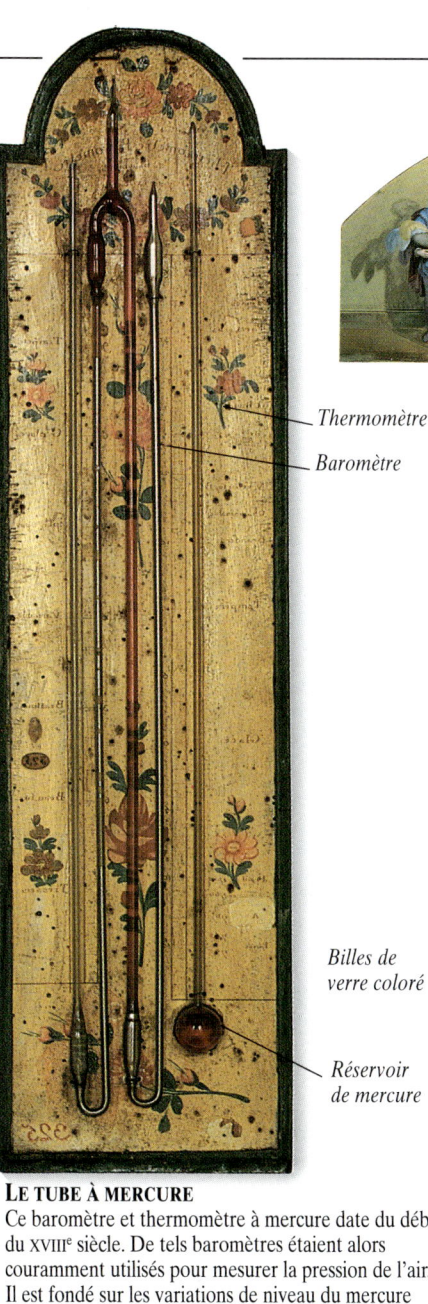

UNE CARACTÉRISTIQUE DU FROID
Cette peinture montre les membres de l'« Accademia del Cimento » réunis pour une expérience sur le froid et le chaud. Utilisant un thermomètre, un miroir et un baquet de glace, ils tentent en vain de montrer que le froid comme le chaud peuvent être réfléchis par un miroir.

Thermomètre
Baromètre
Surface de l'eau dans le tube
Aiguille indiquant la pression

LES DÉBUTS DE LA MÉTÉO
Le texte italien de ce baromètre du XVIIIe siècle explique comment interpréter les indications de l'instrument pour prévoir le temps.

Texte indiquant le temps à venir

UNE COURONNE DE VERRE
Les premiers météorologistes florentins étaient aidés par les plus habiles souffleurs de verre de l'Europe. Cette habileté a permis la construction des premiers instruments comme ce thermomètre de l'époque de Galilée. Les températures sont repérées par l'ascension et la chute de billes de verre coloré dans l'eau des tubes.

Billes de verre coloré
Réservoir de mercure

LE TUBE À MERCURE
Ce baromètre et thermomètre à mercure date du début du XVIIIe siècle. De tels baromètres étaient alors couramment utilisés pour mesurer la pression de l'air. Il est fondé sur les variations de niveau du mercure dans un tube de verre dont une extrémité est ouverte. A cette extrémité, la pression de l'air repousse le mercure. Plus la pression est élevée, plus le mercure s'élève vers le haut de l'extrémité fermée. Quand la pression baisse, le niveau du mercure descend.

EVANGELISTA TORRICELLI
En 1644, Torricelli démontra l'existence de la pression atmosphérique. Il remplissait de mercure un tube de verre d'environ 1 m dont il tenait l'extrémité ouverte sous la surface d'un bain de mercure. Le mercure du tube chutait alors d'environ 80 cm, laissant un vide au sommet du tube. Torricelli comprit que c'était le poids de l'air – la pression – sur le bain de mercure qui arrêtait la chute.

Bande de papier

HYGROMÈTRE À CADRAN
L'aiguille de cet ancien hygromètre est mue par une bande de papier qui se rétrécit ou s'allonge selon l'humidité de l'air.

AVOIR L'ŒIL SUR LE TEMPS

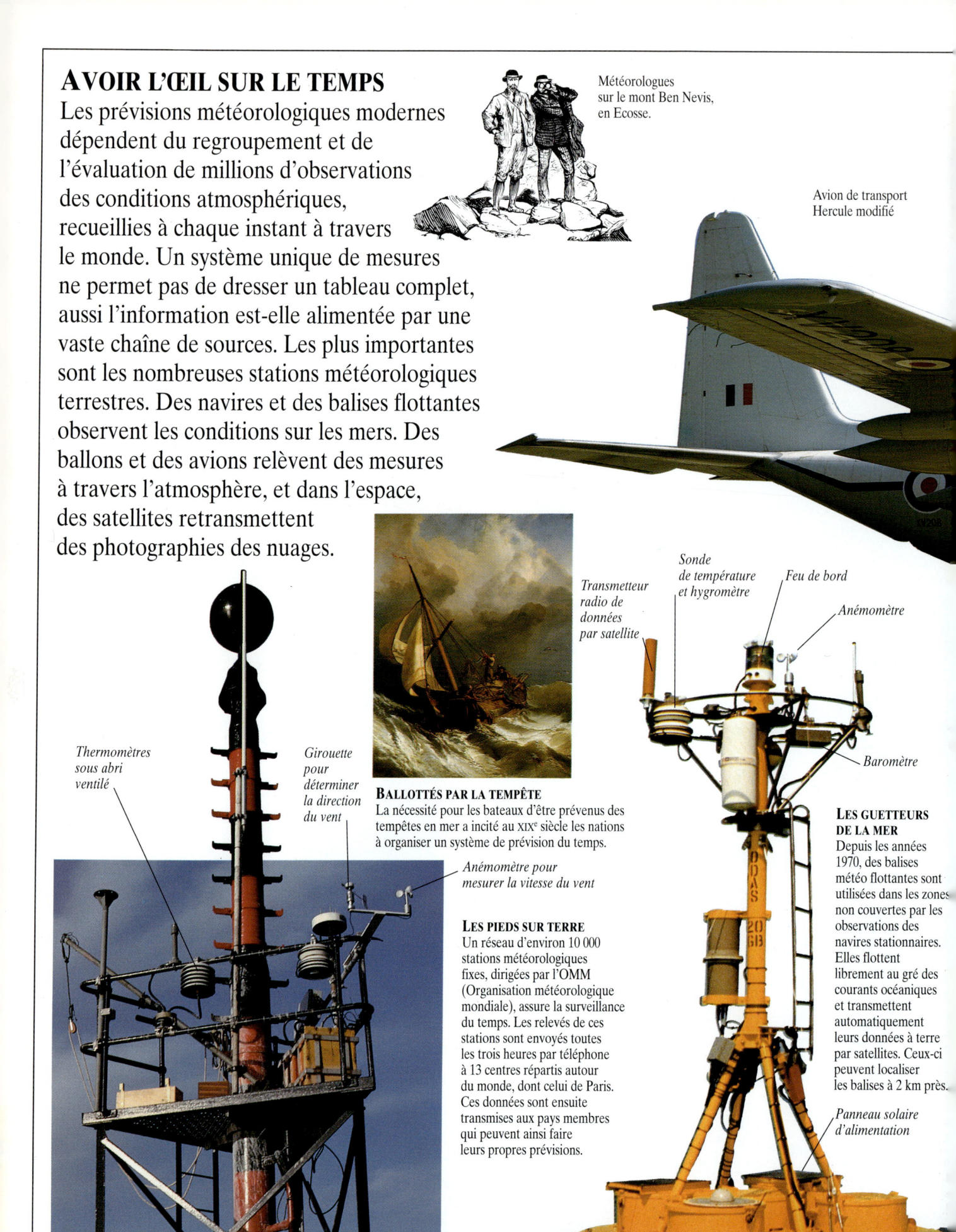

Les prévisions météorologiques modernes dépendent du regroupement et de l'évaluation de millions d'observations des conditions atmosphériques, recueillies à chaque instant à travers le monde. Un système unique de mesures ne permet pas de dresser un tableau complet, aussi l'information est-elle alimentée par une vaste chaîne de sources. Les plus importantes sont les nombreuses stations météorologiques terrestres. Des navires et des balises flottantes observent les conditions sur les mers. Des ballons et des avions relèvent des mesures à travers l'atmosphère, et dans l'espace, des satellites retransmettent des photographies des nuages.

Météorologues sur le mont Ben Nevis, en Ecosse.

Avion de transport Hercule modifié

Thermomètres sous abri ventilé

Girouette pour déterminer la direction du vent

Transmetteur radio de données par satellite

Sonde de température et hygromètre

Feu de bord

Anémomètre

Baromètre

BALLOTTÉS PAR LA TEMPÊTE
La nécessité pour les bateaux d'être prévenus des tempêtes en mer a incité au XIXe siècle les nations à organiser un système de prévision du temps.

Anémomètre pour mesurer la vitesse du vent

LES PIEDS SUR TERRE
Un réseau d'environ 10 000 stations météorologiques fixes, dirigées par l'OMM (Organisation météorologique mondiale), assure la surveillance du temps. Les relevés de ces stations sont envoyés toutes les trois heures par téléphone à 13 centres répartis autour du monde, dont celui de Paris. Ces données sont ensuite transmises aux pays membres qui peuvent ainsi faire leurs propres prévisions.

LES GUETTEURS DE LA MER
Depuis les années 1970, des balises météo flottantes sont utilisées dans les zones non couvertes par les observations des navires stationnaires. Elles flottent librement au gré des courants océaniques et transmettent automatiquement leurs données à terre par satellites. Ceux-ci peuvent localiser les balises à 2 km près.

Panneau solaire d'alimentation

VUE DE HAUT
Depuis 1957, les images satellites jouent un rôle capital dans le contrôle du temps. Les satellites fournissent des photographies ordinaires de la Terre et des nuages comme nous les verrions, et des images infrarouges qui visualisent les enregistrements des radiations infrarouges et fournissent les températures.

LOIN DANS L'ESPACE
Il existe deux types de satellites météorologiques. Les géostationnaires restent toujours fixés au-dessus d'un même point de l'équateur à 36 000 km d'altitude. Ils sont 5 à fournir toutes les 30 mn, une image quasi complète du globe, les deux pôles exceptés. Les satellites polaires font le tour de la Terre sur des bandes qui vont d'un pôle à l'autre. Ils donnent une image du temps plus détaillée, continuellement changeante, de la couche la plus proche d'eux jusqu'au sol.

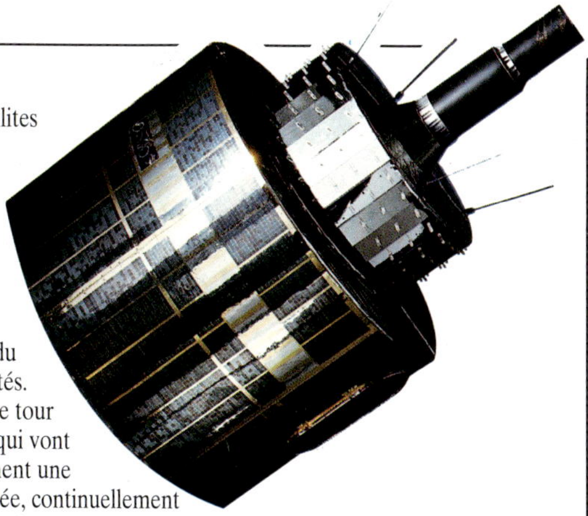

Conteneur d'équipement pour l'enregistrement en trois dimensions des nuages

Radar destiné à donner une image claire des nuages

Instruments placés le long du nez de l'appareil de façon à donner la température et le degré d'humidité sans que ces mesures soient affectées par l'avion lui-même

L'ŒIL VOLANT
Les avions de reconnaissance sont équipés d'appareils sophistiqués qui détectent les conditions météorologiques à différents niveaux de l'atmosphère. Cet avion britannique effectue des séries de mesures dans l'atmosphère. Son grand nez sondeur lui permet de contrôler la haute atmosphère de façon plus détaillée que les ballons.

Le nez de l'avion vu du dessous

SERVICE DE PRÉVISION
En 1848, l'Américain Joseph Henry, du « Smithsonian Institute » mit sur pied un réseau pour obtenir simultanément les rapports quotidiens météorologiques de tout le pays. Dès 1849, 200 observateurs relevaient des mesures et les expédiaient par télégraphe à Washington pour la rubrique météo du *Washington Evening Post*.

LA SONDE DU CIEL
A minuit et à midi, en temps moyen de Greenwich, des centaines de ballons sont lâchés dans la haute atmosphère tout autour du monde. Au fur et à mesure qu'ils s'élèvent, des instruments enregistrent régulièrement l'humidité, la pression et la température. Les données sont retransmises au sol par radio et le lot d'instruments est appelé radiosonde. La vitesse du vent aux différentes altitudes est calculée en suivant la dérive du ballon lors de son ascension.

Ballon suivi à l'œil et au radar

Tuyaux remplissant le ballon d'hélium

Long cordage pour soutenir les instruments enregistreurs

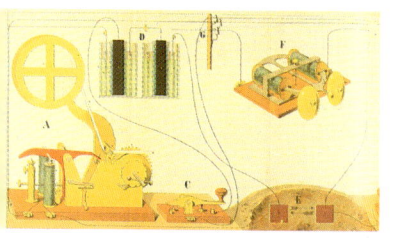

COLLECTE DE DONNÉES
L'invention du télégraphe par Samuel Morse, vers 1840, permit une plus grande précision dans la prévision du temps. Les messages étaient transmis par des câbles selon un code de signaux utilisant des combinaisons de traits et de points – l'alphabet morse. Les observations collectées par un bureau central donnaient une image du temps sur les Etats-Unis.

DES SATELLITES AUX BULLETINS MÉTÉOROLOGIQUES

Une connaissance empirique des conditions atmosphériques et l'emploi d'instruments simples suffisent pour prévoir le temps à une échelle locale. La prévision à grande échelle, donnée par les bulletins quotidiens de la radio et de la télévision, nécessite des procédés plus complexes. Chaque minute du jour et de la nuit, des trillions de données des stations météorologiques, des bateaux, des satellites, des ballons et des radars du monde entier sont échangées au Système mondial de télécommunication. Aux centres principaux de prévision, ces données sont injectées dans des ordinateurs géants. Les météorologues utilisent alors l'information pour dresser une carte du temps, dite synoptique, qui indique la pression, le vent, la température, l'humidité et la couverture nuageuse, comme une vue d'ensemble, pour les 24 heures à venir.

CHANGEMENT D'AIR
Le physicien français Jean de Borda établit que les variations de pression de l'air étaient liées à la vitesse du vent.

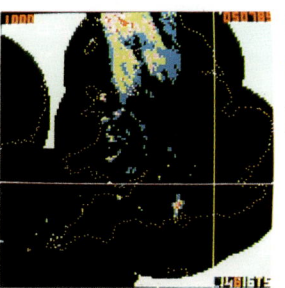

SUIVRE LA PLUIE
Le radar est irremplaçable dans le contrôle des précipitations atmosphériques. Ces signaux réfléchissent toute pluie, grêle ou neige à portée de tir, et l'intensité de la réflexion indique celle des précipitations. Les ordinateurs dressent des cartes.

LES BEAUX JOURS
Le beau temps, avec ciel bleu et cumulus moutonnant (pp. 24-25), est souvent associé à une zone de haute pression, ou anticyclone.

Ligne avec pointes et bosses indiquant la rencontre de masses d'air chaud et d'air froid (pp. 32-35)

Ligne à pointes indiquant un front froid (pp. 32-35)

Zone de haute pression

BAROGRAPHE
Ce barographe est fondé sur le baromètre anéroïde. A la différence des baromètres à mercure (pp. 10-11), les anéroïdes ont un tambour scellé à une basse pression. Lorsque la pression de l'air change, le tambour se dilate ou se contracte. Dans un barographe, une plume attachée au sommet du tambour suit les variations de ce sommet tandis qu'un cylindre déroule du papier millimétré

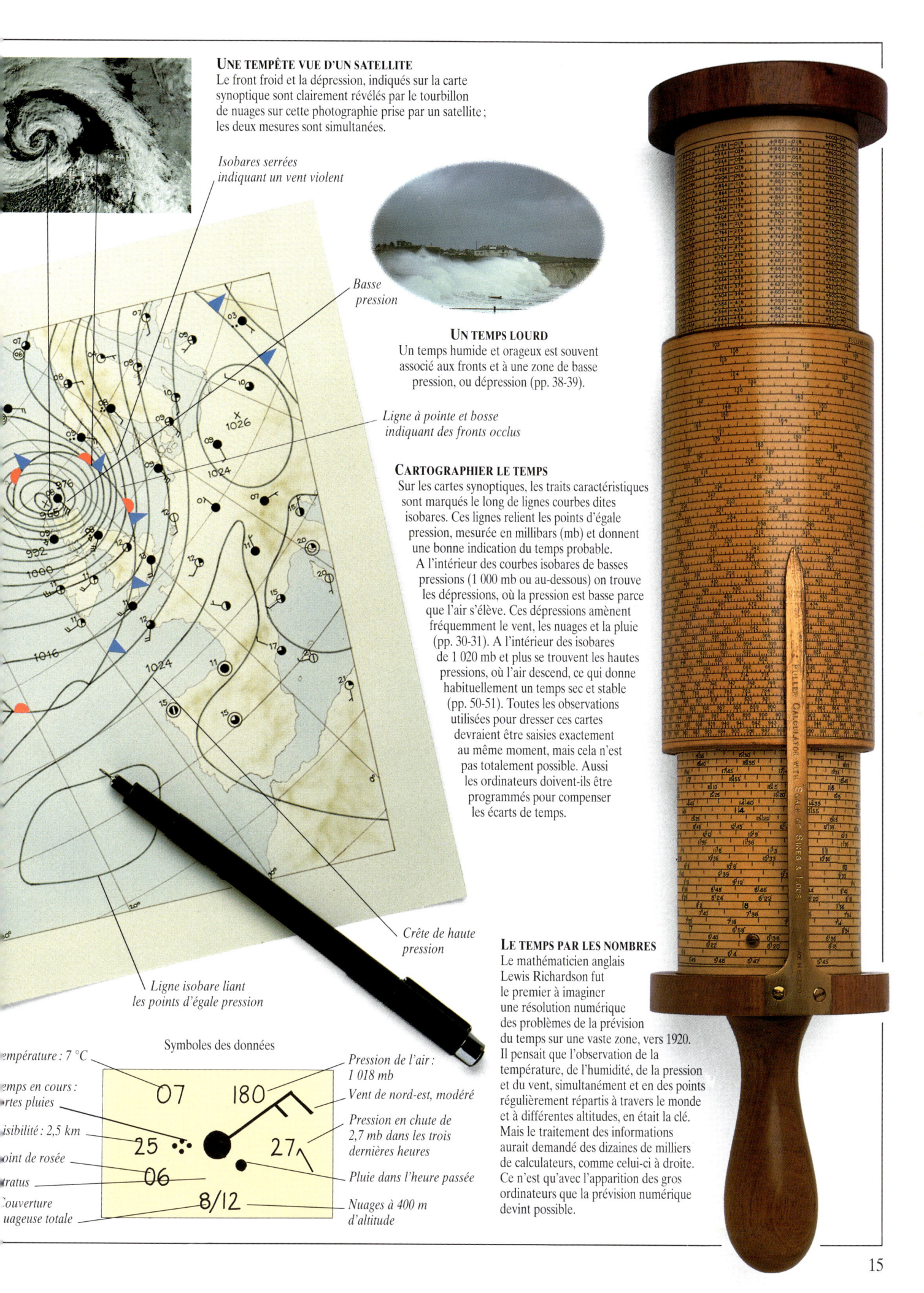

Une tempête vue d'un satellite
Le front froid et la dépression, indiqués sur la carte synoptique sont clairement révélés par le tourbillon de nuages sur cette photographie prise par un satellite ; les deux mesures sont simultanées.

Isobares serrées indiquant un vent violent

Basse pression

Un temps lourd
Un temps humide et orageux est souvent associé aux fronts et à une zone de basse pression, ou dépression (pp. 38-39).

Ligne à pointe et bosse indiquant des fronts occlus

Cartographier le temps
Sur les cartes synoptiques, les traits caractéristiques sont marqués le long de lignes courbes dites isobares. Ces lignes relient les points d'égale pression, mesurée en millibars (mb) et donnent une bonne indication du temps probable.
A l'intérieur des courbes isobares de basses pressions (1 000 mb ou au-dessous) on trouve les dépressions, où la pression est basse parce que l'air s'élève. Ces dépressions amènent fréquemment le vent, les nuages et la pluie (pp. 30-31). A l'intérieur des isobares de 1 020 mb et plus se trouvent les hautes pressions, où l'air descend, ce qui donne habituellement un temps sec et stable (pp. 50-51). Toutes les observations utilisées pour dresser ces cartes devraient être saisies exactement au même moment, mais cela n'est pas totalement possible. Aussi les ordinateurs doivent-ils être programmés pour compenser les écarts de temps.

Crête de haute pression

Ligne isobare liant les points d'égale pression

Symboles des données

Température : 7 °C
Temps en cours : fortes pluies
Visibilité : 2,5 km
Point de rosée
Stratus
Couverture nuageuse totale

Pression de l'air : 1 018 mb
Vent de nord-est, modéré
Pression en chute de 2,7 mb dans les trois dernières heures
Pluie dans l'heure passée
Nuages à 400 m d'altitude

Le temps par les nombres
Le mathématicien anglais Lewis Richardson fut le premier à imaginer une résolution numérique des problèmes de la prévision du temps sur une vaste zone, vers 1920. Il pensait que l'observation de la température, de l'humidité, de la pression et du vent, simultanément et en des points régulièrement répartis à travers le monde et à différentes altitudes, en était la clé. Mais le traitement des informations aurait demandé des dizaines de milliers de calculateurs, comme celui-ci à droite. Ce n'est qu'avec l'apparition des gros ordinateurs que la prévision numérique devint possible.

Vue télescopique du soleil montrant une éruption

LE POUVOIR DU SOLEIL

Sans le Soleil, il n'y aurait pas de temps. Cette boule chaude agit sur l'atmosphère grâce à son rayonnement énergétique. Beau temps, vent, pluie, brouillard, neige sont dus à la chaleur solaire. Mais ce pouvoir de chauffer et d'agiter l'air varie à travers le monde, selon les jours et au cours de l'année. Les différentes variations atmosphériques dépendent de la hauteur de l'astre dans le ciel. Quand il monte haut, ses rayons tombent droit sur le sol qui bénéficie au maximum de leur chaleur. Quand il reste bas dans le ciel, ses rayons tombent plus obliquement et se dispersent sur une plus grande surface. C'est la diversité de ces circonstances qui donne du temps chaud ou froid, des régions chaudes et froides.

Cadran solaire de poche, en ivoire gravé, du XVIIIe siècle

LE RYTHME QUOTIDIEN
L'ombre projetée par le style d'un cadran solaire se déplace au fur et à mesure que le soleil traverse le ciel, et indique l'heure du jour.

Style

RÉGIONS CHAUDES
Les déserts se rencontrent là où l'humidité de l'air est faible. Les plus chauds déserts, comme le Sahara, sont sous les tropiques. Des déserts froids se trouvent en Asie centrale, loin des océans.

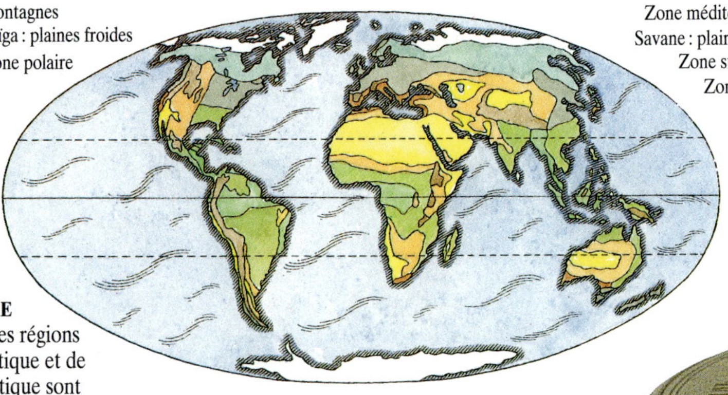

Cadran solaire de jardin, en laiton

Montagnes
Taïga : plaines froides
Zone polaire

Zone tempérée
Zone méditerranéenne
Savane : plaines chaudes
Zone subtropicale
Zone tropicale
Désert

FROID POLAIRE
Les vastes régions de l'Arctique et de l'Antarctique sont perpétuellement recouvertes d'une couche de glace épaisse.

Terre   Lune

LES CLIMATS DU MONDE
Comme la surface de la Terre est courbe, les rayons du soleil y tombent sous des angles différents selon les endroits, divisant le monde en zones climatiques distinctes (le climat est l'ensemble des conditions atmosphériques de toute une région pendant une année). Les régions les plus chaudes se situent sous les tropiques, qui encadrent l'équateur, où, à midi, le soleil est presque à la verticale ; les plus froides se trouvent aux pôles, où, même à midi, il reste si bas dans le ciel que son pouvoir est dilué sur une vaste surface. Entre ces deux extrêmes s'étendent les zones tempérées, où le climat varie selon divers facteurs, dont la proximité des océans ou des montagnes, ou l'altitude.

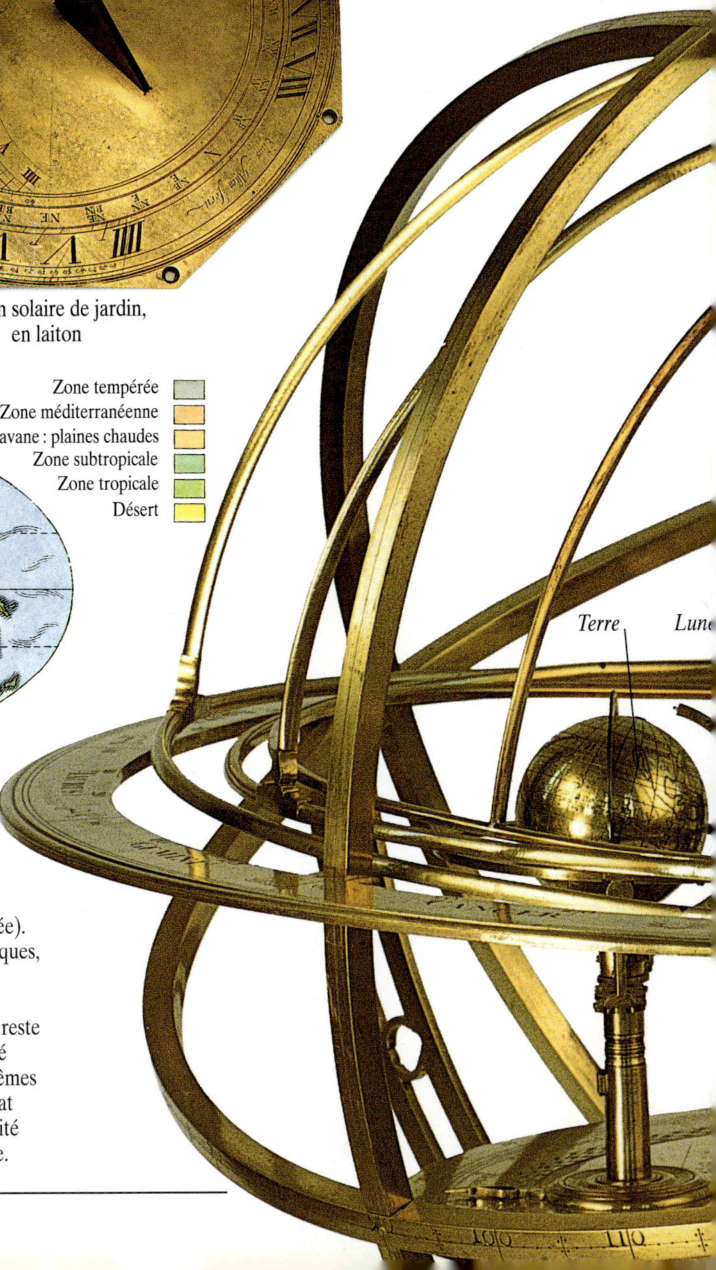

LES SAISONS

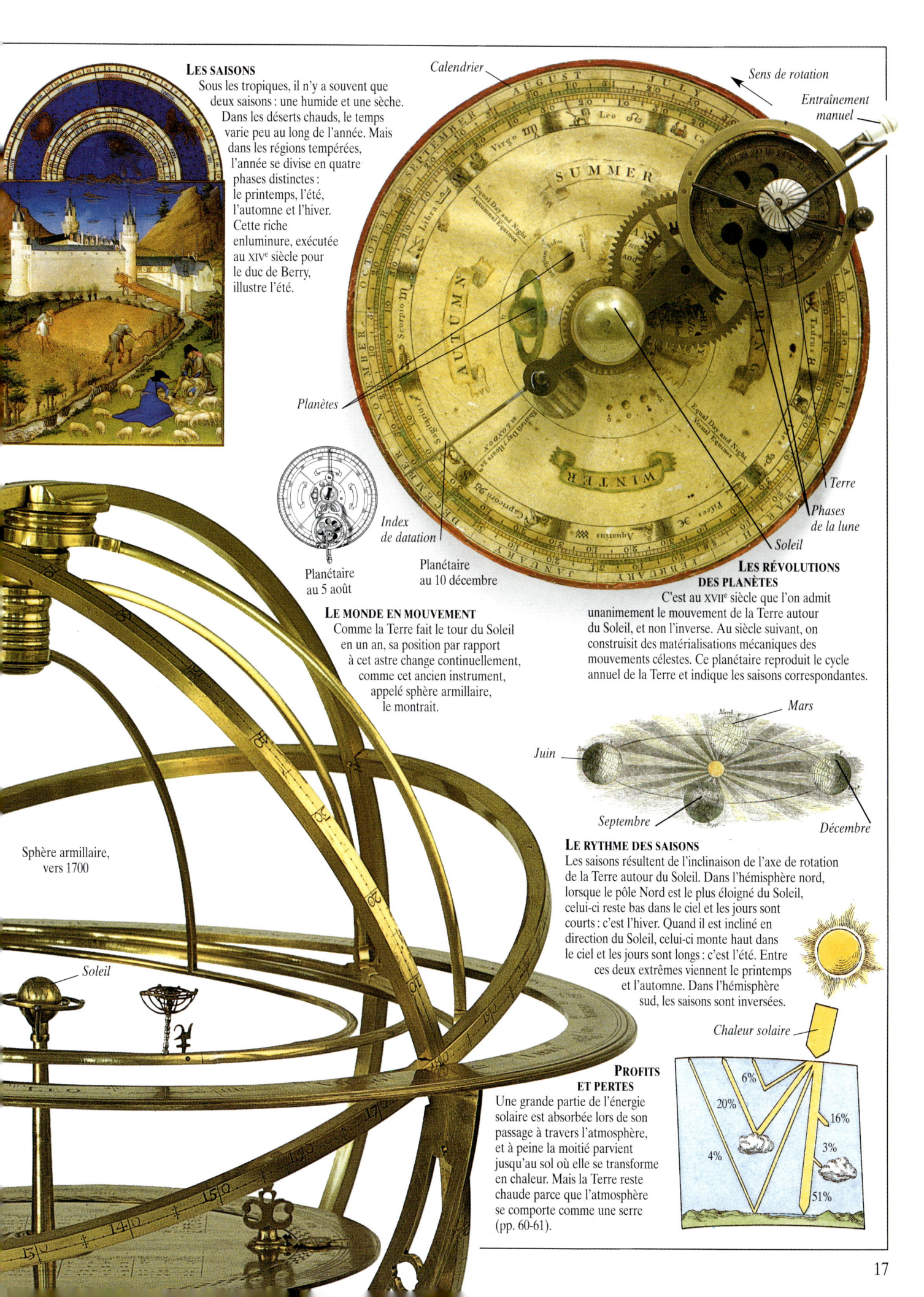

Sous les tropiques, il n'y a souvent que deux saisons : une humide et une sèche. Dans les déserts chauds, le temps varie peu au long de l'année. Mais dans les régions tempérées, l'année se divise en quatre phases distinctes : le printemps, l'été, l'automne et l'hiver. Cette riche enluminure, exécutée au XIVe siècle pour le duc de Berry, illustre l'été.

Calendrier

Sens de rotation

Entraînement manuel

Planètes

Index de datation

Terre

Phases de la lune

Soleil

Planétaire au 5 août

Planétaire au 10 décembre

LE MONDE EN MOUVEMENT

Comme la Terre fait le tour du Soleil en un an, sa position par rapport à cet astre change continuellement, comme cet ancien instrument, appelé sphère armillaire, le montrait.

LES RÉVOLUTIONS DES PLANÈTES

C'est au XVIIe siècle que l'on admit unanimement le mouvement de la Terre autour du Soleil, et non l'inverse. Au siècle suivant, on construisit des matérialisations mécaniques des mouvements célestes. Ce planétaire reproduit le cycle annuel de la Terre et indique les saisons correspondantes.

Mars

Juin

Septembre

Décembre

LE RYTHME DES SAISONS

Les saisons résultent de l'inclinaison de l'axe de rotation de la Terre autour du Soleil. Dans l'hémisphère nord, lorsque le pôle Nord est le plus éloigné du Soleil, celui-ci reste bas dans le ciel et les jours sont courts : c'est l'hiver. Quand il est incliné en direction du Soleil, celui-ci monte haut dans le ciel et les jours sont longs : c'est l'été. Entre ces deux extrêmes viennent le printemps et l'automne. Dans l'hémisphère sud, les saisons sont inversées.

Chaleur solaire

Sphère armillaire, vers 1700

Soleil

PROFITS ET PERTES

Une grande partie de l'énergie solaire est absorbée lors de son passage à travers l'atmosphère, et à peine la moitié parvient jusqu'au sol où elle se transforme en chaleur. Mais la Terre reste chaude parce que l'atmosphère se comporte comme une serre (pp. 60-61).

UN JOUR ENSOLEILLÉ

Sur une bonne partie du monde, un temps ensoleillé et un ciel peu nuageux sont fréquents, surtout en été. Au Sahara oriental, le soleil n'est même caché par des nuages que 100 heures par an au plus. C'est le type de temps le plus stable et le plus durable. Les nuages ne se forment que lorsqu'il y a assez d'humidité dans l'air et de mouvement pour la transporter haut dans l'atmosphère. Si l'air est sec et s'il n'est pas agité, les nuages ne se formeront pas, ou, du moins, ils ne vagabonderont pas. C'est pourquoi le beau temps est souvent associé à une haute pression atmosphérique, quand l'air est peu brassé, pratiquement immobile. En été, les hautes pressions persistent longtemps, le calme de l'air n'amenant aucune autre influence, et il fait beau des jours durant.

Dallol, en Ethiopie, est la région la plus chaude du globe. La température moyenne annuelle y est de 34,4 °C.

LE DIEU SOLEIL
Pour les Aztèques, Indiens du Mexique, le retour régulier du soleil était très important, aussi bien pour sa chaleur et sa lumière que pour le mûrissement des récoltes. Ce peuple élevait de grands temples dédiés au dieu Soleil, Tonatuich, et y sacrifiait des animaux et des hommes pour qu'il continue de briller.

LA LUMIÈRE DE LA VIE
Les végétaux exigent beaucoup d'énergie solaire pour se développer. Leurs cellules contiennent une substance verte, la chlorophylle, qui convertit la lumière du soleil en énergie chimique par un processus appelé photosynthèse.

Image du soleil reflétée dans la boule de verre

ENREGISTREMENT BRÛLANT
Les météorologistes enregistrent les heures d'ensoleillement grâce à l'héliographe. Celui-ci, de type Campbell, date de 1881 et se compose d'une boule de verre qui focalise les rayons solaires sur un ruban de papier. Comme le soleil se déplace durant le jour, son image donnée par la boule se déplace également et laisse des traces plus ou moins roussies tout au long de la bande. Les brûlures déterminent la durée d'insolation.

CAPTEUR D'ÉNERGIE
Les cellules solaires captent l'énergie du soleil grâce à des cristaux sensibles à la lumière, et la convertissent en électricité. Le soleil ne constitue une source d'énergie rentable que dans les régions très ensoleillées.

Trace de brûlure

1 024 mb — Plein soleil — Vent léger

LE CIEL BLEU
En été, les jours sont chauds, parce qu'il y a peu de nuages pour absorber les rayons du soleil. Les jours couverts, 20 % seulement de l'énergie solaire atteint le sol. Mais sans nuages pour emprisonner la chaleur solaire, la température peut chuter brutalement après le coucher du soleil. Même en hiver, le beau temps est souvent fait de matins brumeux et de nuits glaciales. Un ciel clair et bleu, à première vue inintéressant, révèle pourtant de nombreux petits détails, surtout lorsque l'atmosphère est humide (pp. 50-51) ou poussiéreuse.

Traînée de cirrus de haute altitude. Les cirrus sont constitués de cristaux de glace. Ils peuvent être les restes d'un nuage d'orage évanoui, car la glace s'évapore plus lentement que l'eau. Ces nuages indiquent l'assaut d'un front c haud (pp. 32-33).

Reste d'échappements de réacteurs

Echappements de réacteurs laissés dans le sillage des jets, surtout dans l'air froid et sec. Constituées de glace, comme les cirrus, ces traînées se forment quand les gaz chauds qui sont éjectés du réacteur pénètrent dans l'air frais. En s'élevant, ils se détendent et se refroidissent si vivement que des gouttelettes d'eau se condensent puis gèlent.

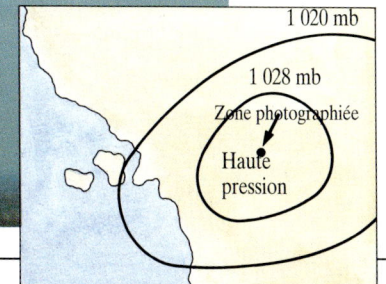

Ces petits cumulus, duveteux et éphémères, peuvent être formés ici ou là par des courants ascendants d'air chaud.

Brumes stagnantes, spécialement au-dessus des zones urbaines. Les vents peuvent être trop légers pour dissiper ces brouillards et ces poussières, et, si la pression est élevée, une inversion de température peut bloquer la vapeur d'eau et les poussières juste au-dessus du sol (pp. 48-49).

1 020 mb
1 028 mb
Zone photographiée
Haute pression

UN JOUR GLACIAL

Quand une nuit sèche, claire et calme suit un jour froid d'hiver, au matin, un froid encore plus vif risque de régner sur la contrée. Les températures hivernales sont rarement hautes, car le soleil reste bas dans le ciel et les nuits sont longues. Si de plus, le ciel nocturne est clair, le peu de chaleur retenue par le sol fuit rapidement et la température chute. Le froid est presque continuel vers les pôles : à Vostok, dans l'Antarctique, la température moyenne avoisine les – 58 °C. Aux latitudes moyennes, le froid survient chaque fois que certaines conditions strictes sont réunies, plus souvent à l'intérieur des terres que près des côtes, où la mer, joue le rôle de volant thermique.

HALTE AU FROID
Dans certains pays, les nuits froides sont personnalisées par le malveillant Bonhomme Hiver qui laisse les marques de son doigt glacial sur chaque fenêtre.

1 020 mb — Plein soleil — Petit vent

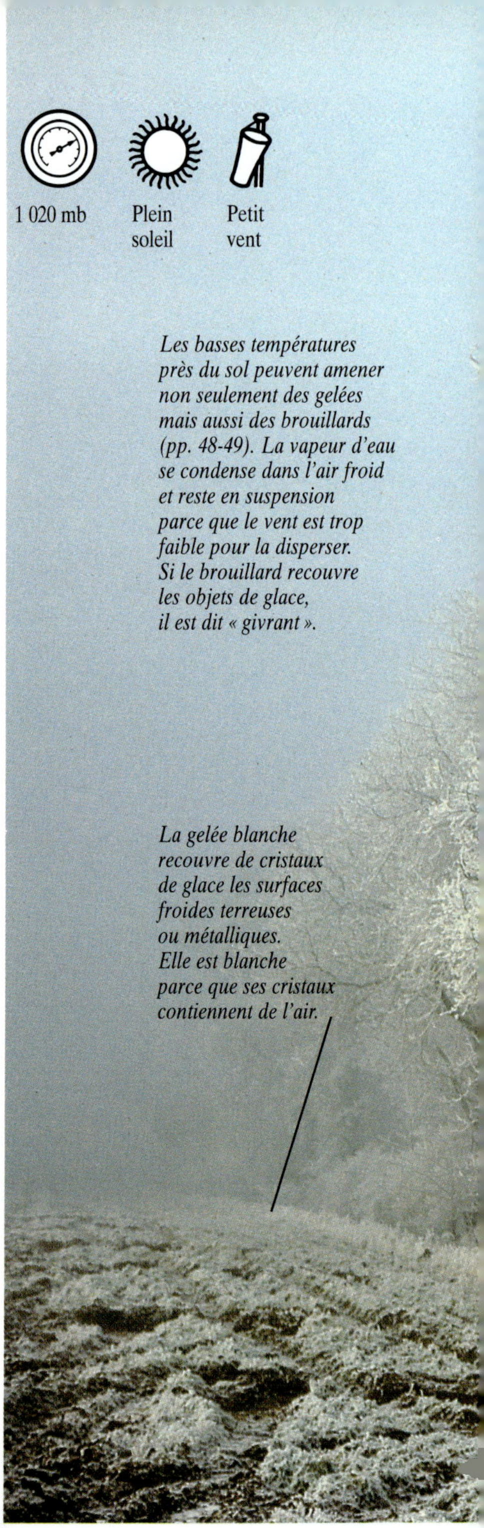

Les basses températures près du sol peuvent amener non seulement des gelées mais aussi des brouillards (pp. 48-49). La vapeur d'eau se condense dans l'air froid et reste en suspension parce que le vent est trop faible pour la disperser. Si le brouillard recouvre les objets de glace, il est dit « givrant ».

La gelée blanche recouvre de cristaux de glace les surfaces froides terreuses ou métalliques. Elle est blanche parce que ses cristaux contiennent de l'air.

LE FROID D'EN HAUT
Dans la haute atmosphère, les températures de l'air sont toujours sous le point de gel et les ailes des avions qui volent à cette altitude peuvent givrer. Pour remédier à cet inconvénient, la plupart des jets sont équipés de dégivreurs.

ARCHITECTURES DU FROID
Un froid rigoureux crée des motifs cristallins sur les fenêtres, à l'intérieur d'une maison. Il se forme d'abord une rosée sur le verre froid. Puis, quelques gouttelettes de rosée se refroidissent en dessous du point de gel, et se transforment en cristaux de glace favorisant la formation de structures.

ÉPINES DE GIVRE
Lorsque de la vapeur d'eau rencontre une surface très froide, elle peut geler instantanément et former des aiguilles de givre sur les feuilles ou les branches des arbres. La gelée blanche se forme lorsque la température de l'air est proche de 0 °C et que le sol est plus froid, mais les cristaux de glace ne se constituent que si, de plus, l'air est humide.

PONT DE GLACE
Près des pôles, les températures sont perpétuellement si basses que la glace peut durer des centaines d'années. De vastes blocs de glace, ou icebergs, se détachent des extrémités des glaciers et flottent sur la mer parce que l'eau se dilate en gelant et devient moins dense.

...ouvent, bien qu'il y ait ... la brume près du sol, ... ciel est clair, permettant ... la chaleur de s'échapper ... rant la nuit.

Le givre se forme lorsqu'un vent glacé souffle sur les feuilles et les branches. Les températures doivent être plus basses que pour la gelée blanche.

Basse pression

Haute pression

Zone photographiée

COUVERTURE GLACÉE
Quand le fond de l'air est suffisamment froid, la vapeur d'eau gèle, recouvrant le sol, les feuilles et les branches d'une fine couche de cristaux de glace. Mais le froid peut survenir uniquement parce que, par nuit claire, le sol se refroidit très vite : les gelées de printemps et d'automne se produisent souvent ainsi. En plein hiver, toutefois, un vent polaire peut être suffisant pour amener le froid.

MAISON DE GLACE
A très basse température, les glaçons se forment quand des gouttes de neige fondante prennent en glace. Cette maison de Chicago s'est ornée d'une spectaculaire couverture de glace lorsque les pompiers ont tourné vers elle leurs lances pour éteindre un incendie, lors de la nuit la plus froide de l'histoire de la ville : le 10 janvier 1982, la température est descendue à – 32 °C.

UN MARCHÉ SUR LA GLACE
Dans les premières années du XIX⁰ siècle, les gelées pouvaient être si dures que souvent, à Londres, la Tamise gelait totalement. Les Londoniens y tenait alors une grande foire. Celle-ci fut la dernière, en 1814, avant que le temps ne commençât à se réchauffer.

21

IL Y A DE L'EAU DANS L'AIR

Même par un jour très ensoleillé, l'horizon peut miroiter vaguement dans une brume légère, et les coteaux lointains apparaissent alors doux et gris. Cette brume est due le plus souvent à l'humidité de l'air. L'atmosphère est en effet chargée d'eau, y compris au-dessus des déserts les plus brûlants. Comme une éponge sèche, l'air absorbe continuellement l'évaporation des océans, des lacs et des rivières, ainsi que la transpiration des arbres et des plantes vertes. La plus grande partie de l'humidité existe sous forme de vapeur d'eau, un gaz mêlé presque invisiblement à l'air. Quand celui-ci se refroidit suffisamment, l'humidité se condense en minuscules gouttelettes d'eau formant les nuages, les brumes et les brouillards.

GOUTTES DE ROSÉE
L'humidité se condense lorsque l'air se refroidit et s'approche de la saturation, c'est-à-dire de la quantité limite d'eau (point de rosée) qu'il peut contenir. Après une nuit froide, des gouttes de rosée peuvent se déposer sur l'herbe et sur les toiles d'araignée.

Echelle donnant le taux d'humidité

Cheveu humain, lâche dans l'air humide et tendu dans l'air sec

Hygromètre à cheveu

Quand cet instrument était en état de marche, le niveau de l'eau était beaucoup plus haut.

Le haut niveau de l'eau dans le b[...] indique que [...] pression est bas[...] et que la plu[...] peut surven[...]

Bou[...] de ver[...] fermé[...]

LE VERRE DE LA PLUIE
Comme pour le mercure dans un baromètre, le niveau de l'eau peut être utilisé pour mesurer la pression de l'air. Bien qu'imprécis, ce type d'instrument était répandu sur les petits bateau[...] du fait de leur moindre coût.

LE CHEVEU SENSIBLE
L'humidité de l'air peut être mesurée par un tel hygromètre à cheveu. L'« humidité relative » est la quantité de vapeur d'eau contenue dans l'air par rapport à la quantité d'eau que l'air pourrait contenir au maximum pour une température et une pression données.

LA MAISON DE L'EAU
Ce chalet utilise le principe de l'hygromètre à cheveu. Quand l'air est humide, le cheveu qui est tendu à l'intérieur de la maison s'allonge et permet à l'homme de sortir sur le pas de sa porte. Quand l'air est sec, le cheve[...] se rétrécit, poussant l'homme à l'intéri[...] tandis que sa femme apparaît.

Tube de verre

Echelle

Boule sèche

Boule humide

Couche de mousseline humide

HUMIDE ET SEC
Un psychromètre (ci-contre, un ancien modèle) mesure l'humidité de façon plus précise qu'un hygromètre. Il est composé de deux thermomètres, à boules humide et sèche. La boule sèche mesure la température de l'air ambiant. L'autre boule est entourée d'une mousseline humidifiée. En s'évaporant, l'eau de la mousseline abaisse la température de la boule. Plus l'air est sec, plus l'eau s'évapore et plus la boule humide se refroidit. La différence de température entre les deux boules indique le taux d'humidité.

Psychromètre

PETITES MESURES
L'aiguille de cet hygromètre de poche – moins de 4 cm de diamètre – est entraînée par un cheveu humain. Assez précis, de tels instruments étaient utilisés par les promeneurs désireux d'éviter les averses.

LES MONTAGNES BRUMEUSES
De nuit, le sol se refroidit graduellement et ainsi refroidit l'air. Si la température de l'air descend en dessous du point de rosée, il y a saturation, et l'eau se condense en gouttelettes, formant des nappes de brumes. Dans les régions montagneuses (pp. 52-53), au petit matin, les brumes se rassemblent souvent dans les vallées, car l'air froid qui est monté durant la nuit y stagne.

VISION TROUBLE
Brouillard et brume diminuent terriblement la visibilité, mais même par temps apparemment clair, il y a toujours un léger voile humide dans l'air qui estompe les lointains.

TRAVAIL HUMIDE
De nombreuses activités dépendent de l'humidité de l'air. Ainsi, pour la fabrication de la soie en Chine, si l'air est insuffisamment humide, les rouets ne fileront pas convenablement la soie.

GROSSES GOUTTES
Quand la pluie tombe sur une fenêtre, seules les plus grosses gouttes courent vers le bas des vitres. En effet, une petite goutte sera retenue sur la vitre par un phénomène appelé « tension superficielle », jusqu'à ce qu'une autre goutte la rejoigne et rompe cette tension. Les gouttes ruissellent alors le long de la vitre. De la même façon, les gouttes d'eau en suspension dans un nuage ne tomberont en pluie que lorsqu'elles seront assez lourdes pour vaincre la résistance de l'air.

Gouttes de pluie tout juste assez grosses pour vaincre la tension superficielle

Petites gouttes de pluie retenues sur la vitre par la tension superficielle

Ruissellement entraînant d'autres gouttes sur son passage

LES NUAGES NAISSENT DE L'HUMIDITÉ

Observez le ciel par une belle journée, lorsque des nuages floconneux filent tout là-haut dans l'azur. Surveillez attentivement ces nuages : vous constaterez qu'ils changent constamment de forme et de taille. Vous en verrez de nouveaux émerger, bourgeonner et s'ébouriffer, ou s'amincir et s'évanouir, surtout à la fin du jour, lorsque le sol se rafraîchit. Ces nuages éphémères sont des cumulus et se forment parce que les rayons solaires chauffent le sol irrégulièrement. Il se crée ainsi des bulles d'air chaud qui s'élèvent à travers l'air froid environnant et se refroidissent jusqu'à ce que, haut dans l'atmosphère, la vapeur d'eau se condense pour former un nuage. Ces bulles, ou « cellules de convection », durent rarement plus de 20 minutes. Souvent, une demi-douzaine de nouvelles cellules s'assemblent et donnent naissance à un nuage qui peut survivre environ une heure. Quelques nuages peuvent s'affermir au point de déclencher une averse, et parfois, lorsque l'air est humide et le soleil brûlant, les cumulus grossissent suffisamment pour créer leurs propres courants d'air. Ils bourgeonnent alors à très haute altitude et se transforment en un gigantesque nuage d'orage, qui persiste environ 9 heures avant de libérer sa charge d'humidité en une pluie torrentielle (pp. 36-37).

AIR CHAUD
Lorsque l'air s'échauffe, il se dilate, devient plus léger que l'air froid environnant et s'élève. Les frères Montgolfier ont exploité cette propriété pour effectuer le premier vol avec passagers au-dessus de Paris, en 1783. Leur ballon avait été gonflé à l'air chaud.

NUAGES DE VAPEUR
La formation des nuages a bien des points communs avec celle des panaches qui s'élèvent au-dessus des machines à vapeur. L'air humide et chaud qui s'échappe de cette cheminée se dilate et se refroidit, jusqu'à ce qu'il soit si froid que l'humidité se condense en petites gouttes d'eau. Ainsi en est-il d'une bulle d'air chaud.

Dans la matinée, quand les cellules d'air chaud sont chétives, des petits nuages isolés peuvent se former au milieu du ciel clair.

Les nuages restent souvent presque immobiles sous le vent, parce que l'air n'est mû à grande vitesse qu'à très haute altitude.

3 CONSTRUCTION NUAGEUSE
Les nuages ne s'évaporeront que si l'air environnant est sec. A la fin du jour, ils se maintiennent plus longtemps, parce que l'air qui s'élève alors apporte un surcroît d'humidité.

BULLES D'AIR CHAUD
Du fait de leur chaleur, les bulles se dilatent et deviennent moins denses que l'air environnant. Elles s'élèvent alors et se dilatent au fur et à mesure que l'air devient plus léger et que la pression tombe. Cette expansion les refroidit. Le processus continue jusqu'à une hauteur, dite niveau de condensation, où les bulles deviennent si froides que leur vapeur d'eau se condense.

D'anciens nuages disparaissent, s'évaporant dans l'air plus sec environnant.

2 ROUTES DE NUAGES
Ce sont souvent les mêmes parties du sol, au-dessus desquelles l'air s'agite, qui restent les plus chaudes toute la journée. Quelquefois, les nuages seront poussés par le vent, d'autres fois, ils resteront sur place, s'alignant sur plusieurs kilomètres en dessous du vent.

1 MODESTES DÉBUTS
Le soleil chauffe lentement et irrégulièrement, aussi les premiers nuages sont-ils très petits.

Un nuage très épais a une base sombre, car la lumière ne traverse pas ses couches supérieures.

L'HALEINE DE L'ÉLAN
L'haleine humide et chaude des mammifères est normalement invisible, à moins d'entrer en contact avec un air froid : la vapeur d'eau qu'elle contient crée alors un minuscule nuage.

5 CEUX QUI VOLENT HAUT
Le mouvement de l'air des cumulus se distribue en courants ascendants et descendants purement internes. Les aviateurs évitent de voler à travers les gros cumulus, car les variations soudaines entre l'air ascendant et l'air descendant entraînent un vol cahoteux. Le nuage ci-dessus s'est déjà suffisamment développé pour durer longtemps. Cependant, sa base plate indique qu'il ne dégénérera pas en pluie. Si un tel nuage se développait encore en hauteur, certaines de ses gouttes d'eau pourraient se transformer en glace, et amorceraient la formation de gouttes de pluie.

Le sommet de ce nuage brille dans la lumière du soleil, parce que ses gouttelettes d'eau réfléchissent bien cette lumière.

4 HAUT, HAUT ET LOIN
Plus la température s'élève, plus nombreuses sont les bulles d'air chaud qui montent du sol. L'air humide qui entoure la première bulle en favorise une seconde plus haute avant que la première ne décroisse trop. Chaque nuage contient plusieurs bulles à des stades différents de développement.

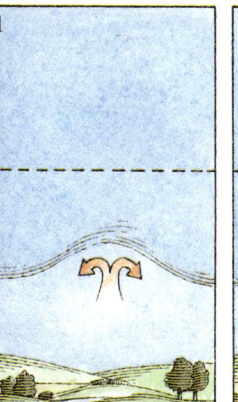

NUAGES ARTIFICIELS
Il n'y a pas que des nuages naturels. Les grandes quantités d'eau à basse température des centrales thermiques, par exemple, produisent à l'intérieur des cheminées d'énormes volumes d'air chaud et très humide qui souvent se condensent juste au-dessus de ces cheminées et forment des cumulus artificiels.

FORMATION D'UN NUAGE
Les nuages se forment chaque fois qu'il y a assez d'humidité dans l'air, et chaque fois que cet air humide monte assez haut (1) pour que la vapeur d'eau se refroidisse et se condense. Par beau temps, le soleil chauffe le sol (2), propulsant vers le haut des cellules d'air chaud. Des cumulus (3) apparaîtront et disparaîtront lorsque ces cellules seront mises en mouvement.

25

UN JOUR NUAGEUX

Dans les régions tempérées, le temps peut rester triste et sombre plusieurs jours de suite. Si quelquefois des cumulus duveteux (pp. 28-29) s'amassent pour former une couche dense cachant le soleil, bien souvent les ciels nuageux persistants sont associés à des nuages en nappe, dits stratus. Ceux-ci se construisent graduellement lorsqu'un vent humide et chaud rencontre de l'air plus froid (pp. 22-23), et la couverture nuageuse peut alors atteindre plusieurs centaines de mètres d'épaisseur et s'étendre sur des centaines de kilomètres.

MESURER L'ALTITUDE DES NUAGES

Au XIXe siècle, on mesurait l'altitude des nuages à l'aide d'un projecteur et d'un clinomètre pointé sur la base des nuages. De nos jours, le projecteur est remplacé par le laser. Mais l'épaisseur de la couche nuageuse n'est appréciée que visuellement par l'estimation approximative du taux d'assombrissement du ciel, en général un dixième ou un huitième.

TROIS SORTES DE NUAGES

Certains jours nuageux, on ne voit qu'une couche mince de stratus à basse altitude. D'autres jours, divers types de nuages s'observent à différentes hauteurs. Les couches de stratus sont souvent trop minces pour stopper les courants ascendants d'air chaud qui développent les cumulus (pp. 24-25), particulièrement si le soleil est ardent. Près de ces montagnes (à droite) qui retiennent un petit front froid (p. 34), le ciel est chargé de stratus, de cumulus et de nuages lenticulaires, formés par des ondes de vent au flanc des montagnes.

Il est peu probable que des petits cumulus amènent la pluie; cependant, ils peuvent provoquer de petites averses en fin de journée.

Stratus

Bulles d'air chaud s'élevant sous les cumulus

DES HAUTS ET DES BA[S]

Les cumulus, souvent au-dessus des champ[s] indiquent aux pilotes de planeurs la présenc[e] de courants ascendants qui leur permettront de s'élev[er]. Au-dessus des plans d'eau, comme les lacs, l'air se refroid[it] et les planeurs sont entraînés vers le sol. Le même phénomèn[e] se produit lorsque des couches nuageuses épaisses de moyen[ne] altitude couvrent le ciel et arrêtent la chaleur qui s'élève du so[l]

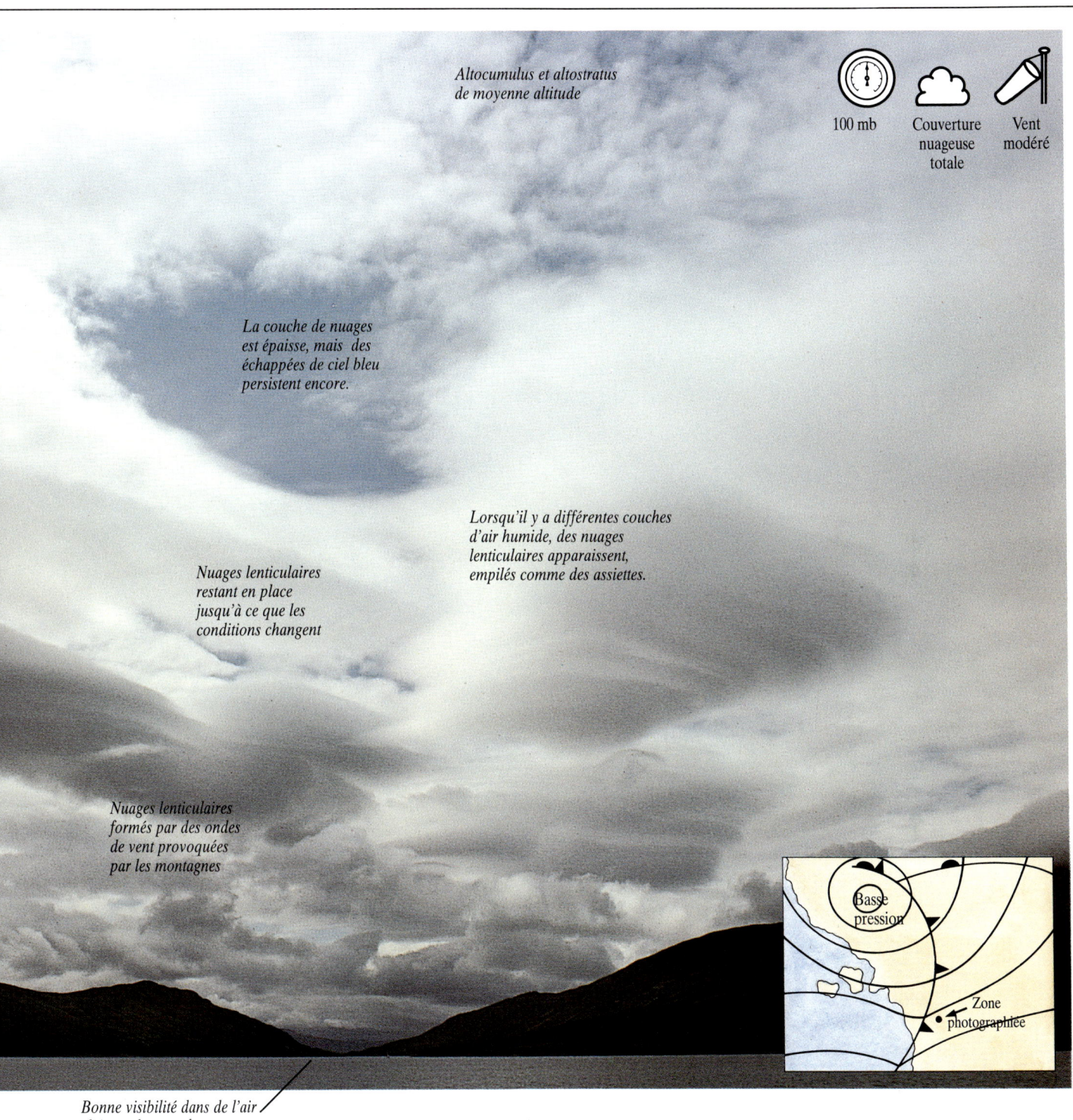

Altocumulus et altostratus de moyenne altitude

100 mb | Couverture nuageuse totale | Vent modéré

La couche de nuages est épaisse, mais des échappées de ciel bleu persistent encore.

Lorsqu'il y a différentes couches d'air humide, des nuages lenticulaires apparaissent, empilés comme des assiettes.

Nuages lenticulaires restant en place jusqu'à ce que les conditions changent

Nuages lenticulaires formés par des ondes de vent provoquées par les montagnes

Basse pression

Zone photographiée

Bonne visibilité dans de l'air clair au-dessous des nuages

LISSES OU GRUMELEUX
Dans *La Beauté des cieux* (1845), l'Anglais Charles Blunt a peint deux groupes principaux de nuages : des cumulus (à gauche), nuages bourgeonnants formés par l'ascension de cellules d'air chaud (p. 24), et des cirro-stratus (à droite), où des couches d'air entières sont obligées de s'élever, par exemple à cause d'un front (p. 32), formant des nappes de nuages.

LE CIEL OFFRE DES NUAGES DE TOUTES ESPÈCES

La variété de formes, de tailles et de couleurs des nuages – des cirrus blancs aux nuages d'orage d'un gris de plomb – est si étonnante qu'un système unique de classification ne peut les épuiser. La première nomenclature pratique fut mise au point en 1803 par Luke Howard, un pharmacien anglais. Il identifia dix genres de nuages classiques à partir de trois types élémentaires : les cumulus boursouflés, les stratus en nappe et les cirrus pelucheux. Cette classification de base s'est révélée si simple et si efficace qu'elle est encore utilisée aujourd'hui.

LUKE HOWARD (1772-1864)
Météorologue amateur éclairé, Howard établit son système en observant les nuages et en analysant leurs formes et leurs altitudes.

SOUCOUPES VOLANTES
Les nuages lenticulaires (pp. 54-55) se forment toujours à l'abri des montagnes.

NUAGES TRANSLUCIDES
Les nappes élevées et peu épaisses d'altostratus couvrent souvent totalement le ciel, si bien que l'on voit le soleil comme on le verrait au travers d'une brume de glace. Avec un front chaud (pp. 32-33), des nuages de pluie se forment, plus épais et à plus basse altitude : les nimbo-stratus.

Température : - 40 °C

NUAGES FLOCONNEUX
Les altocumulus sont des bourrelets de nuages visibles à des altitudes moyennes. Bien différents, les très hauts et très petits cirro-cumulus ont toujours des flancs sombres.

COUVERTURE GRISE
Le stratus est une couche basse et uniforme qui plane au-dessus du sol et donne une bruine fine et pénétrante. Plus haut, au-dessus des coteaux, ou même des très hautes constructions, ce nuage n'est plus qu'un simple brouillard.

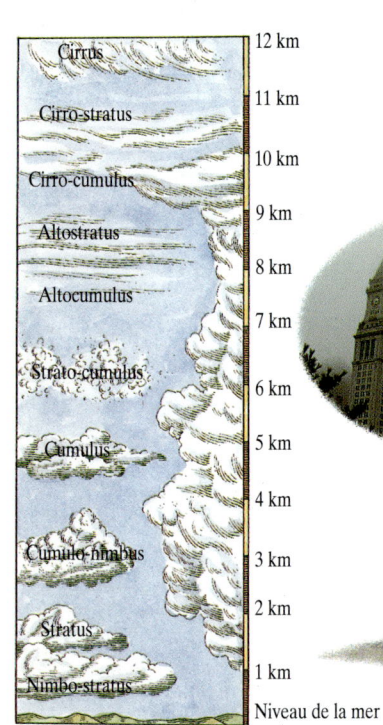

Température : 0 °C

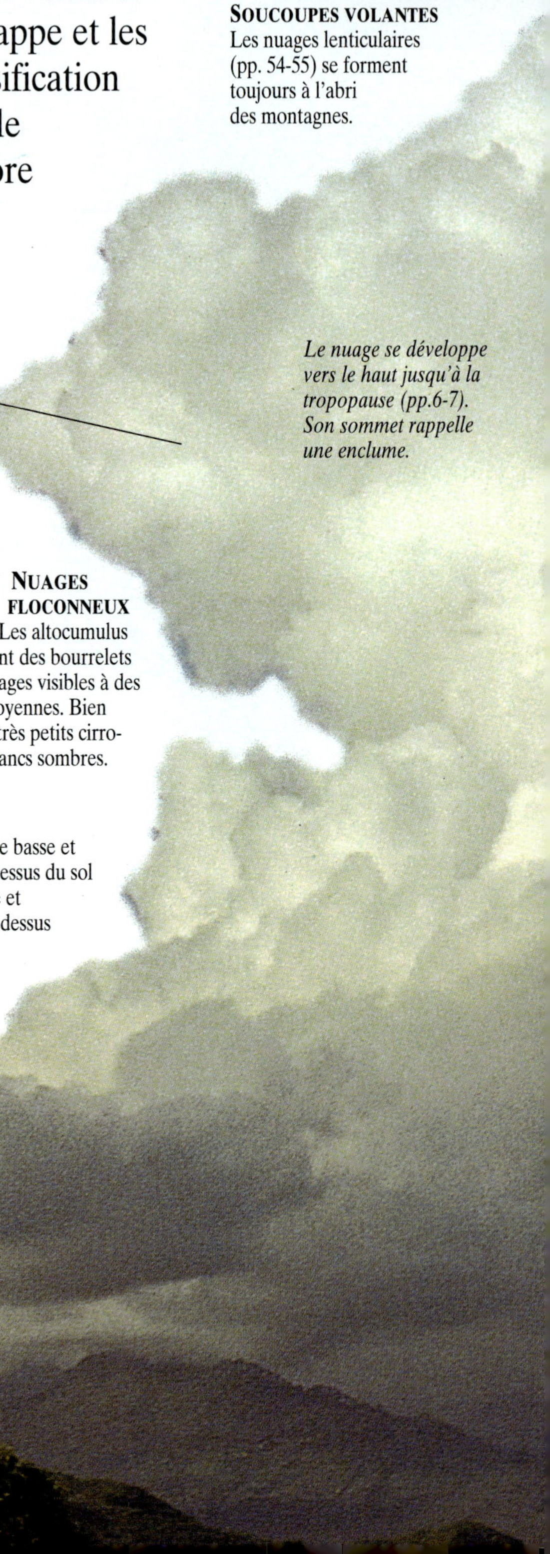

Le nuage se développe vers le haut jusqu'à la tropopause (pp.6-7). Son sommet rappelle une enclume.

Cirrus — 12 km
Cirro-stratus — 11 km
— 10 km
Cirro-cumulus — 9 km
Altostratus — 8 km
Altocumulus — 7 km
Strato-cumulus — 6 km
Cumulus — 5 km
— 4 km
Cumulo-nimbus — 3 km
— 2 km
Stratus — 1 km
Nimbo-stratus — Niveau de la mer

L'ALTITUDE DES NUAGES
Les cirro-cumulus et les cirro-stratus, se forment au sommet de la troposphère ; les altostratus et altocumulus aux altitudes moyennes. Les strato-cumulus, les stratus, les nimbo-stratus et les cumulus dans les basses couches de l'atmosphère.

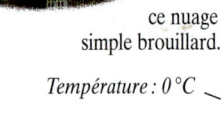

LA TRAÎNE DE LA VIERGE
Quelquefois, les cumulus laissent la pluie ou des cristaux de glace tomber sur des couches d'air plus sèches qui se déplacent plus lentement. Les coulées qui en résultent s'évaporent avant d'atteindre le sol, et, vues d'en bas, s'évanouissent dans l'air.

QUEUES DE CHAT
Les cirrus se forment haut dans le ciel où l'atmosphère est si froide qu'ils sont entièrement composés de cristaux de glace que les vents forts disséminent en longues traînées soyeuses.

VOILE DE GLACE
Les cirro-stratus apparaissent quand les cirrus se dispersent en un voile mince et laiteux. Ils créent de larges halos ou anneaux colorés autour du soleil (p. 59).

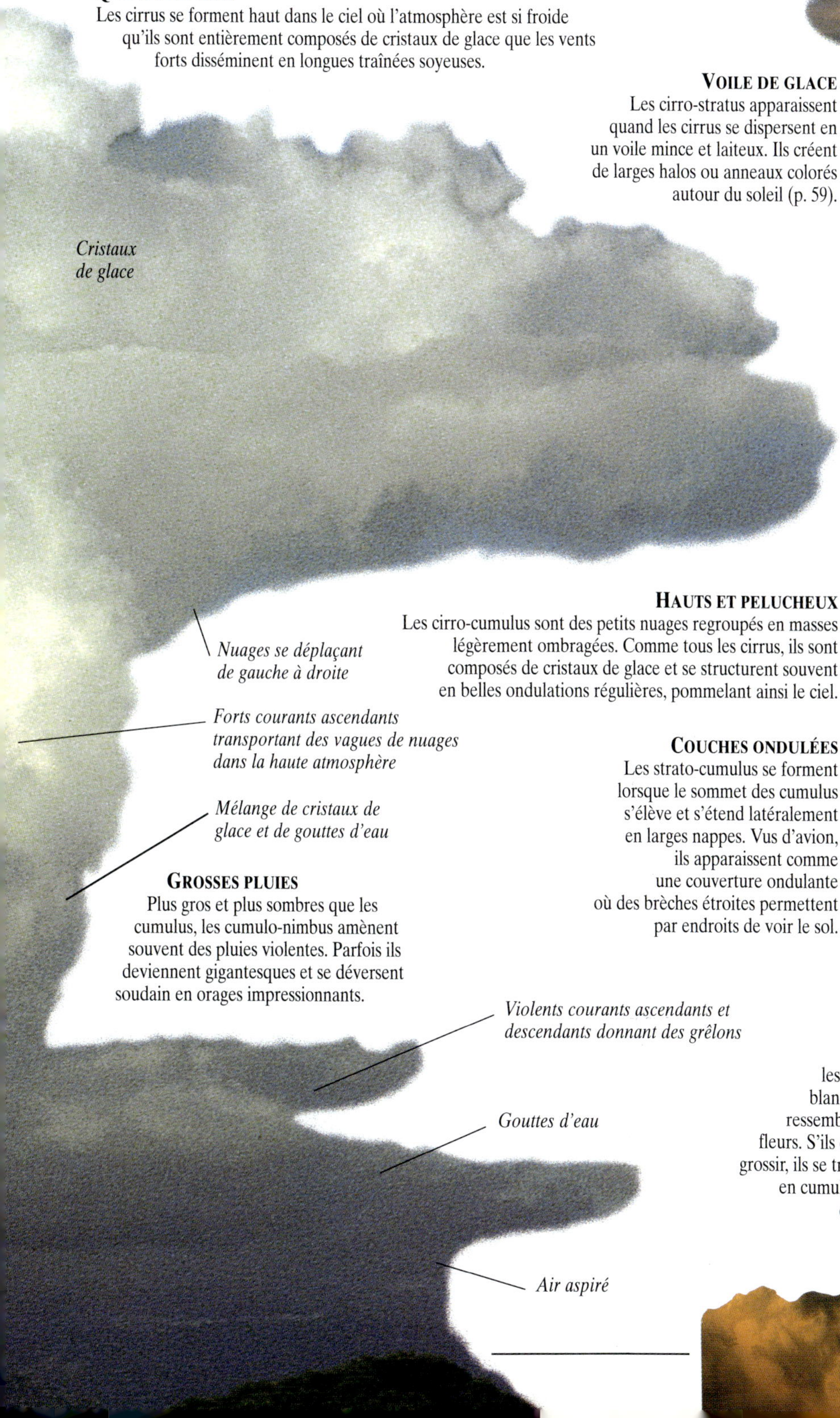

Cristaux de glace

HAUTS ET PELUCHEUX
Les cirro-cumulus sont des petits nuages regroupés en masses légèrement ombragées. Comme tous les cirrus, ils sont composés de cristaux de glace et se structurent souvent en belles ondulations régulières, pommelant ainsi le ciel.

COUCHES ONDULÉES
Les strato-cumulus se forment lorsque le sommet des cumulus s'élève et s'étend latéralement en larges nappes. Vus d'avion, ils apparaissent comme une couverture ondulante où des brèches étroites permettent par endroits de voir le sol.

Nuages se déplaçant de gauche à droite

Forts courants ascendants transportant des vagues de nuages dans la haute atmosphère

Mélange de cristaux de glace et de gouttes d'eau

GROSSES PLUIES
Plus gros et plus sombres que les cumulus, les cumulo-nimbus amènent souvent des pluies violentes. Parfois ils deviennent gigantesques et se déversent soudain en orages impressionnants.

Violents courants ascendants et descendants donnant des grêlons

EN CHOUX-FLEURS
A développement vertical, les cumulus ont des sommets blancs et denses qui les font ressembler à des choux-fleurs. S'ils continuent de grossir, ils se transforment en cumulo-nimbus d'orage.

Gouttes d'eau

Air aspiré

UN JOUR PLUVIEUX

Les nuages s'assombrissent, car, chargés d'eau, ils s'épaississent et la lumière solaire ne les traverse plus. De violentes averses tombent des nuages les plus sombres et les plus épais dont la hauteur est suffisante pour que les gouttes d'eau s'y développent. Sous les tropiques, les cumulo-nimbus s'élèvent souvent jusqu'à 15 kilomètres et peuvent déverser des déluges de 1,80 mètre en un après-midi. La durée et l'intensité de ces précipitations brutales sont très variables. Les nappes de nimbo-stratus, plus légères et plus minces, provoquent des pluies moins violentes mais persistantes.

« PLUIE » DE GRENOUILLES
On raconte que de forts courants ascendants, semblables à des tornades, amenèrent de grosses pluies et soulevèrent des grenouilles et des poissons.

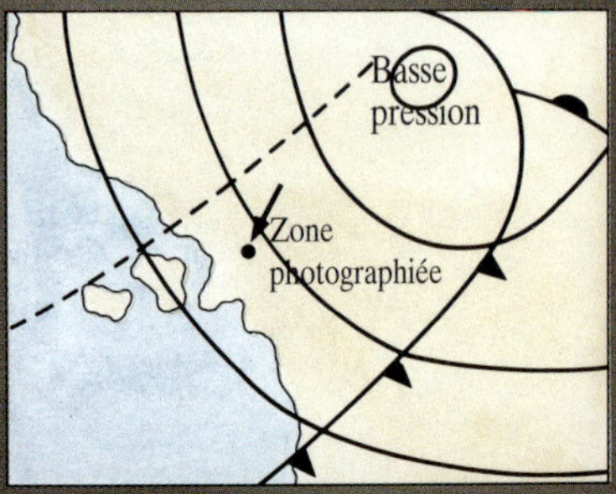

DOUCHE
Les météorologues qualifient une pluie de légère si moins de 0,5 mm d'eau tombe en une heure, et de forte s'il en tombe plus de 4 mm. Aux latitudes moyennes, les pluies violentes ne durent guère plus d'une heure ; seules les pluies modérées ou légères persistent plus longtemps. Même nos plus grosses averses sont rarement aussi fortes que celles, quotidiennes, de certaines régions tropicales.

Une forte pluie peut saturer l'air sous le nuage au point que la condensation qui en résulte s'ajoute à la base des nuages.

JAILLISSEMENT DE NUAGE
Les violents courants ascendants et descendants à l'intérieur d'un cumulo-nimbus créent des structures nuageuses impressionnantes. Des nuages comme celui-ci se forment souvent le long des fronts froids (pp. 32-33).

La texture ébouriffée de la base du nuage indique combien les courants d'air verticaux sont violents à l'intérieur du nuage.

SAUVETAGE PAR LES TOITS
Une pluie exceptionnellement forte peut inonder des zones habitées dans les régions au sol durci, après une longue période de sécheresse, ou au sol argileux, dans lequel ne pénètre qu'une très petite quantité d'eau.

PIÈGE À EAU
Les pluviomètres mesurent la quantité d'eau tombée en un endroit donné. Cet appareil se compose d'un entonnoir qui recueille l'eau et la canalise dans le cylindre de mesure. Cet ensemble doit être posé assez haut pour éviter que les éclaboussures n'apportent un supplément d'eau dans l'entonnoir.

Entonnoir

Cylindre de mesure

*es volutes nuageuses se développent lorsque
 pluie balaie l'air plus froid descendant et oblige
 ir chaud ascendant à amorcer un autre nuage.*

Chute de pluie à partir de la base du nuage

Cet homme avec son oie (détail d'une estampe japonaise) sait qu'il va pleuvoir, son parapluie est déjà ouvert !

FLOTS DÉCHAÎNÉS
Certaines des plus terribles inondations sont dues plus aux tempêtes maritimes qu'aux pluies. De grandes ondes se forment dans la mer et les flots déferlants submergent les côtes.

LE DÉLUGE
Les pluies torrentielles amenées par les vents de mousson (pp. 38-39) détiennent le record de précipitations. Ainsi à Cherrapunji, au nord-est de l'Inde, il est tombé jusqu'à 4,80 m d'eau en 15 jours.

FRONTS ET DÉPRESSIONS : LES ARTISANS DU TEMPS

Aux latitudes moyennes, entre les tropiques et les cercles polaires, le mauvais temps provient le plus souvent de grands systèmes spiralés dans l'atmosphère, appelés dépressions. Particulièrement en hiver, nombre de dépressions venant de l'ouest tourbillonnent, comme des roues géantes, amenant avec elles temps froid, ciels nuageux, vents furieux, pluie et même neige. Une dépression importante peut s'étendre sur des centaines de kilomètres, mais elle balaie les contrées assez rapidement, ne s'attardant pas plus de 24 heures et entraînant une série de perturbations typiques des zones tempérées.

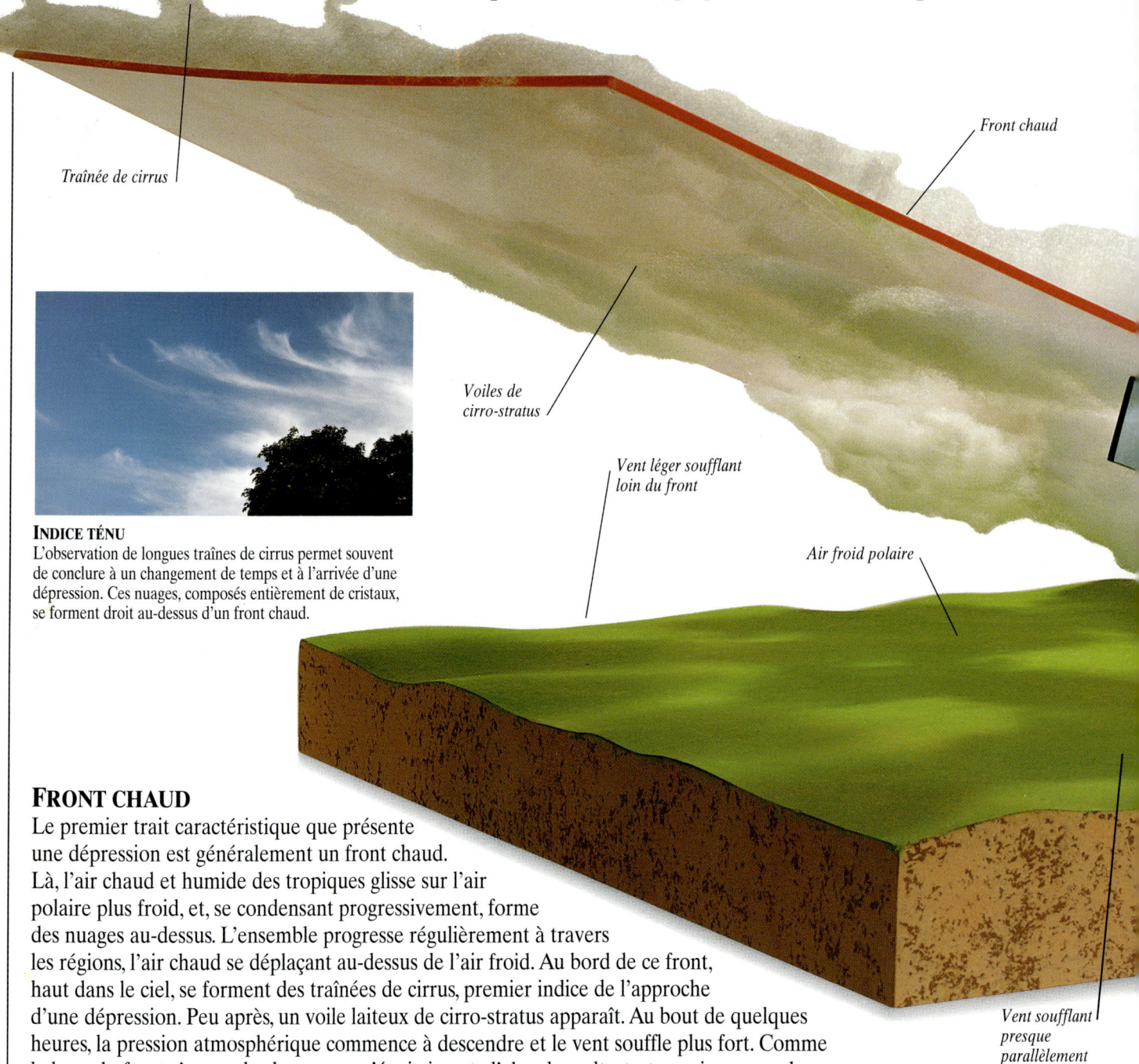

Traînée de cirrus

Front chaud

Voiles de cirro-stratus

Vent léger soufflant loin du front

Air froid polaire

Vent soufflant presque parallèlement au front

INDICE TÉNU
L'observation de longues traînes de cirrus permet souvent de conclure à un changement de temps et à l'arrivée d'une dépression. Ces nuages, composés entièrement de cristaux, se forment droit au-dessus d'un front chaud.

FRONT CHAUD

Le premier trait caractéristique que présente une dépression est généralement un front chaud. Là, l'air chaud et humide des tropiques glisse sur l'air polaire plus froid, et, se condensant progressivement, forme des nuages au-dessus. L'ensemble progresse régulièrement à travers les régions, l'air chaud se déplaçant au-dessus de l'air froid. Au bord de ce front, haut dans le ciel, se forment des traînées de cirrus, premier indice de l'approche d'une dépression. Peu après, un voile laiteux de cirro-stratus apparaît. Au bout de quelques heures, la pression atmosphérique commence à descendre et le vent souffle plus fort. Comme la base du front s'approche, les nuages s'épaississent, d'abord en altostratus puis en grands nimbo-stratus gris. Le ciel s'assombrit et devient menaçant. La pluie, ou la neige, tombe plusieurs heures, puis laisse place à une petite éclaircie avant que le front froid arrive.

CHACUN POUR SOI
Chaque partie du monde possède ses masses d'air. Leur nature et le type de temps qu'elles amènent dépendent du lieu où elles se forment, soit au-dessus de la terre ou de la mer, soit près des pôles ou des tropiques. L'air chaud et humide des océans tropicaux apporte un temps humide et chaud, tandis que l'air humide et froid des pôles engendre des chutes de neige.

Continental tropical (cT) Continental polaire (cP)
Maritime tropical (mT) Maritime polaire (mP)

INDICE VOILÉ
Lorsque le soleil est à peine visible à travers un fin voile d'altostratus, il est temps de rechercher un abri, car la pluie n'est pas très loin.

MASSES D'AIR
Vent et temps sont liés par les masses d'air, ces grandes parties de l'atmosphère presque uniformément sèches ou humides, chaudes ou froides. Les masses sèches et froides se forment près des pôles, celles d'air chaud et humide au-dessus des océans tropicaux. Le globe peut être divisé en régions dominées par un type de masses d'air, chacune donnant sa propre espèce de temps. A grande échelle, le temps dépend des masses d'air qui se trouvent au-dessus des régions à un moment donné. Loin à l'intérieur des terres, une masse d'air peut rester longtemps au même endroit, amenant un temps stable. Dans les régions côtières, un changement de direction du vent entraîne une modification du temps. Les temps variables et orageux se produisent le long des fronts où deux masses d'air se rencontrent.

PREMIÈRE PLUIE
A l'approche du front, le ciel se noircit et les premières gouttes de pluie peuvent commencer à tomber – même avant l'arrivée des très épais nimbo-stratus.

Air froid descendant sous le front

Altostratus s'épaississant

Air chaud tropical chevauchant un air froid

Sombres nimbo-stratus de pluie

Pluie tombant sur le secteur froid sous le front

L'aiguille indique l'approche d'un orage.

UNE AIGUILLE QUI CHUTE
Bien avant que l'on comprenne la nature des dépressions, les marins utilisaient des baromètres. Ils savaient qu'une chute rapide de la pression était un indice certain de mauvais temps, même s'ils en ignoraient la raison. Le baromètre est encore le meilleur instrument pour prévenir les météorologues amateurs de l'arrivée des orages.

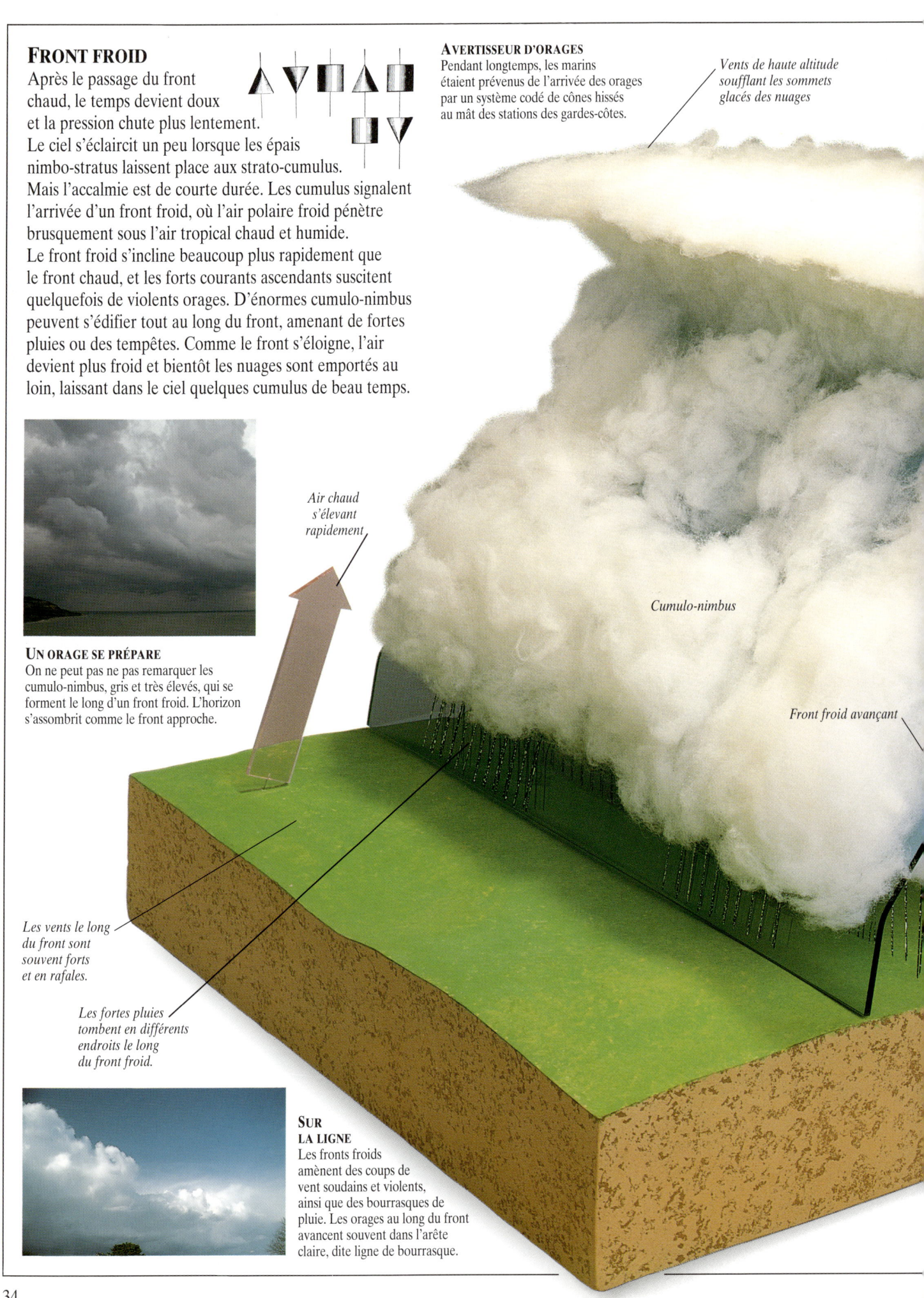

FRONT FROID

Après le passage du front chaud, le temps devient doux et la pression chute plus lentement. Le ciel s'éclaircit un peu lorsque les épais nimbo-stratus laissent place aux strato-cumulus. Mais l'accalmie est de courte durée. Les cumulus signalent l'arrivée d'un front froid, où l'air polaire froid pénètre brusquement sous l'air tropical chaud et humide. Le front froid s'incline beaucoup plus rapidement que le front chaud, et les forts courants ascendants suscitent quelquefois de violents orages. D'énormes cumulo-nimbus peuvent s'édifier tout au long du front, amenant de fortes pluies ou des tempêtes. Comme le front s'éloigne, l'air devient plus froid et bientôt les nuages sont emportés au loin, laissant dans le ciel quelques cumulus de beau temps.

AVERTISSEUR D'ORAGES
Pendant longtemps, les marins étaient prévenus de l'arrivée des orages par un système codé de cônes hissés au mât des stations des gardes-côtes.

Vents de haute altitude soufflant les sommets glacés des nuages

UN ORAGE SE PRÉPARE
On ne peut pas ne pas remarquer les cumulo-nimbus, gris et très élevés, qui se forment le long d'un front froid. L'horizon s'assombrit comme le front approche.

Air chaud s'élevant rapidement

Cumulo-nimbus

Front froid avançant

Les vents le long du front sont souvent forts et en rafales.

Les fortes pluies tombent en différents endroits le long du front froid.

SUR LA LIGNE
Les fronts froids amènent des coups de vent soudains et violents, ainsi que des bourrasques de pluie. Les orages au long du front avancent souvent dans l'arête claire, dite ligne de bourrasque.

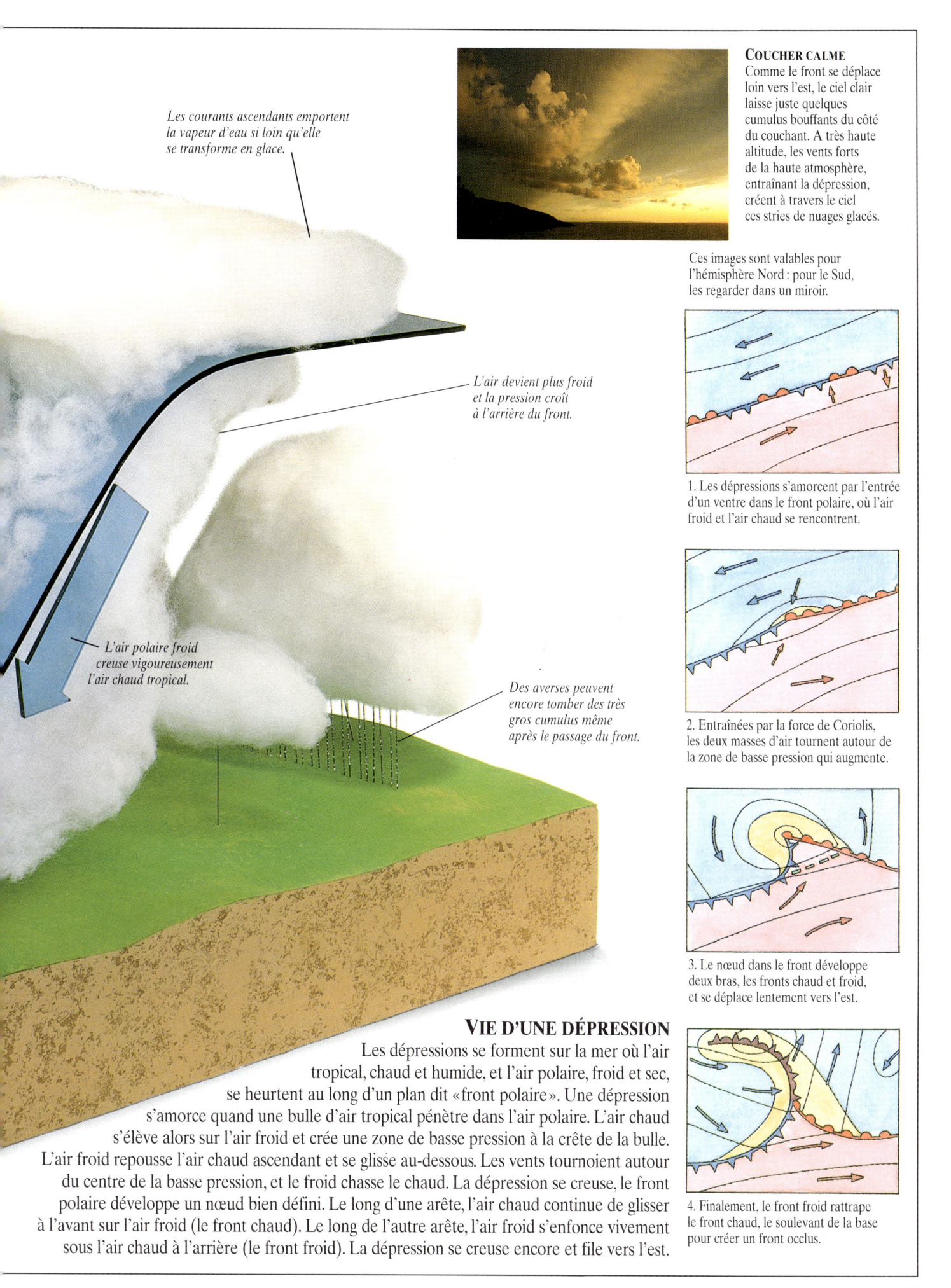

Les courants ascendants emportent la vapeur d'eau si loin qu'elle se transforme en glace.

L'air devient plus froid et la pression croît à l'arrière du front.

L'air polaire froid creuse vigoureusement l'air chaud tropical.

Des averses peuvent encore tomber des très gros cumulus même après le passage du front.

COUCHER CALME
Comme le front se déplace loin vers l'est, le ciel clair laisse juste quelques cumulus bouffants du côté du couchant. A très haute altitude, les vents forts de la haute atmosphère, entraînant la dépression, créent à travers le ciel ces stries de nuages glacés.

Ces images sont valables pour l'hémisphère Nord : pour le Sud, les regarder dans un miroir.

1. Les dépressions s'amorcent par l'entrée d'un ventre dans le front polaire, où l'air froid et l'air chaud se rencontrent.

2. Entraînées par la force de Coriolis, les deux masses d'air tournent autour de la zone de basse pression qui augmente.

3. Le nœud dans le front développe deux bras, les fronts chaud et froid, et se déplace lentement vers l'est.

4. Finalement, le front froid rattrape le front chaud, le soulevant de la base pour créer un front occlus.

VIE D'UNE DÉPRESSION
Les dépressions se forment sur la mer où l'air tropical, chaud et humide, et l'air polaire, froid et sec, se heurtent au long d'un plan dit «front polaire». Une dépression s'amorce quand une bulle d'air tropical pénètre dans l'air polaire. L'air chaud s'élève alors sur l'air froid et crée une zone de basse pression à la crête de la bulle. L'air froid repousse l'air chaud ascendant et se glisse au-dessous. Les vents tournoient autour du centre de la basse pression, et le froid chasse le chaud. La dépression se creuse, le front polaire développe un nœud bien défini. Le long d'une arête, l'air chaud continue de glisser à l'avant sur l'air froid (le front chaud). Le long de l'autre arête, l'air froid s'enfonce vivement sous l'air chaud à l'arrière (le front froid). La dépression se creuse encore et file vers l'est.

35

ET SOUDAIN, LA TEMPÊTE...

Lorsqu'un noir cumulo-nimbus lâche son déluge de pluie, d'éclairs et de tonnerre, le spectacle est impressionnant. Les gros nuages d'orage s'élèvent jusqu'à 16 kilomètres d'altitude ou plus – passant parfois à travers la tropopause et la stratosphère (pp. 6-7) – et brassent d'énormes quantités d'énergie explosive. L'édification d'un nuage d'une telle hauteur et d'une telle puissance exige des courants ascendants très vigoureux, dus par exemple à l'influence d'un front froid ou au réchauffement de l'air par le sol. C'est pourquoi, sous les tropiques, ces tempêtes éclatent souvent dans l'après-midi, après que le soleil du matin a agité l'air.

À l'intérieur des terres, dans les zones tempérées, une longue période de temps très chaud se termine souvent en jaillissements de tonnerre et d'éclairs.

TOMBÉ DES NUES
La lourde masse brandie par Thor, le dieu nordique du tonnerre, était la représentation imagée du coup de tonnerre tombant des nuages.

C'EST ÉLECTRIQUE !
En 1752, Benjamin Franklin démontra que les éclairs étaient des phénomènes électriques. Il lâcha un cerf-volant de soie dans une tempête et vit des étincelles bondir de la poignée du câble à sa main.

L'ÉCLAIR CRÉATEUR
Les nuages d'orages sont de lourdes masses d'air, de vapeur d'eau et de glace. A l'intérieur, les cristaux de glace entraînés par de violents courants d'air grossissent et se transforment en grêlons, lorsque l'eau gèle autour d'eux en couches semblables à des pelures d'oignon. Les cristaux de glace et les gouttes d'eau sont précipités les uns contre les autres avec une telle violence qu'ils se chargent d'électricité statique. Légers et chargés positivement, ils tendent à s'assembler au sommet du nuage, les morceaux plus lourds et chargés négativement s'accumulant à la base. Les différences de charges électriques peuvent devenir si grandes qu'elles se réunissent et se détruisent par un éclair à l'intérieur du nuage (éclair diffus), ou entre le nuage et le sol (éclair fourchu).

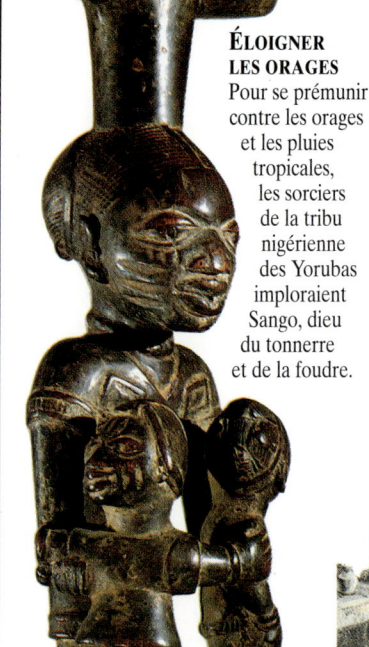

ÉLOIGNER LES ORAGES
Pour se prémunir contre les orages et les pluies tropicales, les sorciers de la tribu nigérienne des Yorubas imploraient Sango, dieu du tonnerre et de la foudre.

COUP DE FOUDRE
La foudre atteint les points élevés, comme les arbres isolés ; c'est pourquoi il est dangereux de s'y abriter pendant un orage.

BOULE DE FOUDRE
Comme ce pasteur et sa femme, en 1773, de nombreuses personnes ont vu une boule brillante rougeoyer dans la cheminée puis exploser, juste après un coup de tonnerre. On ne sait pas expliquer ce genre de phénomène.

Pour trouver à quelle distance se trouve un orage, il suffit de compter le nombre de secondes qui séparent l'éclair du coup de tonnerre, du fait de la vitesse de la lumière, supérieure à celle du son. L'orage est à environ autant de kilomètres qu'il y a de fois deux secondes de différence.

GRÊLE ET ROBUSTE
Voici la coupe d'un grêlon tombé à Coffeyville, dans le Kansas, aux Etats-Unis, en 1970 ; il pesait 768 g, un record ! Un éclairage spécial montre la structure en couches de glace transparentes et opaques alternées.

Sommet lisse de cumulo-nimbus encore en train de grossir

CHASSER L'ORAGE
Pour arrêter les formations de grêle, grande dévastatrice de récoltes, on lançait vers 1900 des pierres et autres projectiles vers les nuages. Ces canons anti-grêle étaient eux-mêmes très dangereux.

Un coup de foudre qui claque dans l'air devient cinq fois plus chaud que la surface du soleil. L'air s'étend à une vitesse supersonique, produisant un fracas retentissant : le tonnerre.

Une seconde déchirure après le premier éclair, un violent coup de fouet lumineux – la course retour –, suit le même chemin.

L'éclair prend toujours le chemin le plus direct du nuage au sol.

Les coups de foudre commencent lorsqu'un premier coup de fouet zigzague jusqu'au sol, ionisant l'air et bouclant le circuit.

LA MOUSSON S'INSTALLE RÉGULIÈREMENT

Pendant six mois, une grande partie de l'Inde est desséchée. Mais dès le mois de mai, la mousson survient et s'installe pour les six autres mois. Des vents humides du sud-ouest soufflent alors de l'océan Indien et le ciel se charge de nuages. Des pluies torrentielles s'abattent, filant vers le nord jusqu'aux contreforts de l'Himalaya. En octobre, le vent du sud-ouest s'apaise et les pluies cessent. À la fin de l'année, le pays est de nouveau sec. Les moussons sont typiques de l'Inde, mais de telles alternances de saisons surviennent aussi dans d'autres régions tropicales : nord-est de l'Australie, Afrique orientale, sud des États-Unis…

ORAGE TROPICAL
La mousson peut déchaîner sur les côtes tropicales pluie, vent, éclairs et tonnerre.

Les pluies de mousson figurent parmi les plus torrentielles du monde.

HALEINE DE DRAGON
Les pluies de mousson sont indispensables à l'agriculture de l'Asie. En Chine, leur importance était symbolisée par le dragon, créature des cieux et des rivières, parfois violent mais aussi dispensateur du don précieux de l'eau.

Aiguille épaisse alignée avec le chemin normal des tempêtes dans la région

Aiguille fine indiquant la course choisie pour éviter la tempête

APRÈS LE DÉLUGE
La mousson provoque de fréquentes inondations. En Inde et au Bangladesh, le delta du Gange est particulièrement exposé à ce danger, surtout si une « tempête de houle » (p. 44) survient au même moment.

Baromètre à typhon

Flèches de la direction du vent : le disque est tourné jusqu'à ce qu'une flèche soit alignée avec l'aiguille épaisse.

TRAQUEUR DE TYPHONS
Dans les régions de mousson, les navires risquent de rencontrer des cyclones. Pour suivre le trajet des tempêtes et choisir une route sûre, les marins utilisaient autrefois un baromètre à typhon. Aujourd'hui, ils comptent sur les prévisions radio.

1 005 mb   Nuages   Vent fort

Cumulo-nimbus élevés

Les montagnes obligent la mousson à s'élever, entraînant encore plus de pluie : Cherrapunji, à la frontière de la Birmanie, est la contrée la plus arrosée du monde.

Gros cumulo-nimbus amoncelés contre les collines lorsque la mousson souffle sur les terres

Certaines régions peuvent rester sèches et brûlantes, même si les régions voisines sont copieusement arrosées.

LA MOUSSON HUMIDE ARRIVE
L'alternance bi-annuelle des vents de terre et de mer caractérise la mousson. Les pluies commencent lorsque le soleil chauffe plus le continent que la mer. L'air chaud, s'élevant au-dessus des terres, aspire l'air plus froid et humide de la mer, et les vents, chargés d'eau avancent régulièrement dans les terres.

RÉGION DE MOUSSON
La mousson règne du nord-est de l'Australie jusqu'aux Caraïbes. Les moussons d'Asie sont les plus marquées du fait de l'étendue de ce continent.

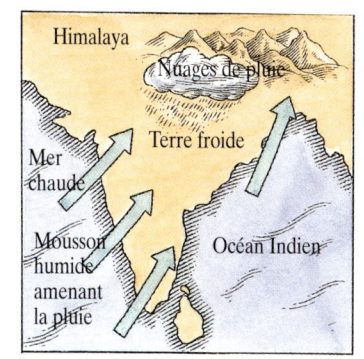

MOUSSON DU SUD-OUEST
Les terres chaudes et sèches d'Asie attirent l'air chaud, qui s'est chargé d'humidité sur l'océan Indien au début de l'été.

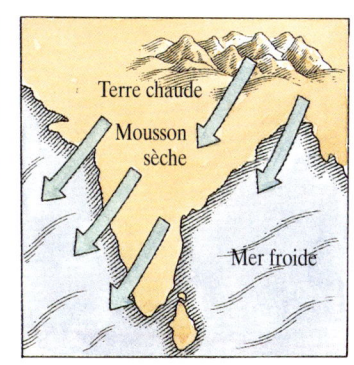

MOUSSON DU NORD-EST
L'air froid et sec de l'hiver se déploie à partir de l'Asie centrale, amenant des conditions climatiques froides et sèches.

UN JOUR NEIGEUX

Au cœur de l'hiver, des rafales de neige peuvent venir des mêmes nuages gris qui, en été, provoqueraient des averses bienvenues. Mais tous les nuages ne donnent pas des précipitations. Pour qu'il neige, l'air doit être suffisamment froid afin que les flocons atteignent le sol. Une élévation de température de quelques degrés au-dessus du point de gel suffit à transformer la neige en pluie : parfois il neige sur les sommets d'une montagne alors qu'il pleut dans la vallée. Il faut aussi que l'air soit humide. Un air très froid peut ne pas contenir assez de vapeur d'eau : il tombe plus de neige en une année sur le nord des États-Unis que sur le pôle Nord. C'est pourquoi la neige est difficile à prévoir.

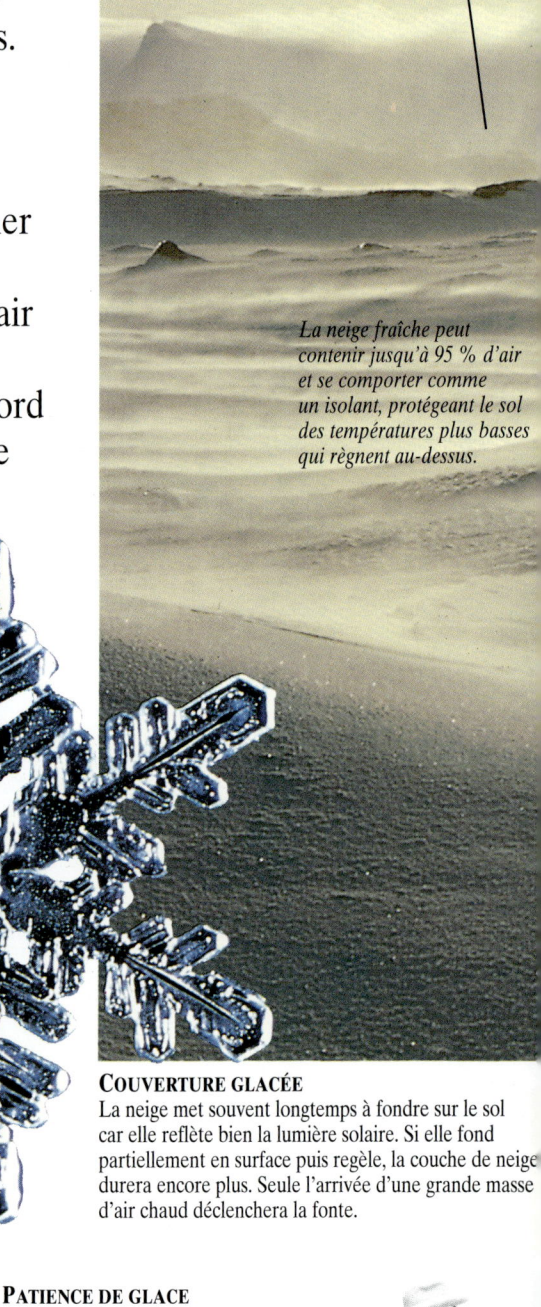

CHIENS SAUVETEURS
La neige fraîche contient assez d'air pour que des gens ensevelis y survivent le temps des recherches.

Sous les grands froids, la neige adhère mal et reste poudreuse, fouettée par le vent.

La neige fraîche peut contenir jusqu'à 95 % d'air et se comporter comme un isolant, protégeant le sol des températures plus basses qui règnent au-dessus.

RIVIÈRES DE GLACE ET D'AIR
La neige s'accumule sur les terres élevées où les températures restent basses. Elle se condense alors en glace et forme des glaciers qui descendent doucement vers les vallées.

COUVERTURE GLACÉE
La neige met souvent longtemps à fondre sur le sol car elle reflète bien la lumière solaire. Si elle fond partiellement en surface puis regèle, la couche de neige durera encore plus. Seule l'arrivée d'une grande masse d'air chaud déclenchera la fonte.

PATIENCE DE GLACE
Un fermier américain, W. A. Bentley, a occupé tous ses loisirs à photographier au microscope des flocons de neige. En 40 années, il a accumulé des milliers de clichés.

FLOCONS DE NEIGE
Les flocons se présentent sous une infinité de formes, mais ils sont tous à six branches et constitués de cristaux de glace assemblés en lame mince. Toutefois, des assemblages en aiguilles, en boules ou en colonnes ont pu être observés.

*Nappe de stratus due
à des vents coulis d'air doux
au-dessus des montagnes*

*En moyenne, 30,5 cm de neige
sont équivalents à 2,5 cm de pluie.*

*Croûtes superficielles
plus dures, dues à une
fonte et à un nouveau gel*

990 mb   Nuageux   Vents forts

*Remous dans le vent, amenant toujours plus
de neige aux mêmes endroits et produisant
des amoncellements de plus en plus gros*

Zone photographiée

Basse pression

AVALANCHE
Le danger d'avalanche se présente quand de la neige fraîche, peu adhérente, s'accumule sur une couche de glace dure. La plus petite perturbation peut alors amorcer un glissement qui entraînera d'énormes quantités de neige jusque dans la vallée, ensevelissant tout sur son passage.

BLIZZARD
Le blizzard est une chute de neige accompagnée de vents violents, qui empêche toute visibilité. Le vent provoque des amoncellements neigeux, ou congères, qui peuvent entièrement recouvrir les voitures et les trains, piégeant ainsi leurs passagers.

41

QUAND SOUFFLE LE VENT

Dans l'atmosphère toujours en mouvement, l'air se meut lentement, apportant une brise modérée, ou rapidement, ce qui donne de fortes brises et des ouragans. Modérés ou forts, les vents se produisent toujours de la même façon. Le soleil qui chemine dans le ciel chauffe certaines parties de la mer et de la terre plus que d'autres. Au-dessus de ces points, l'air chaud, plus léger que l'air environnant, s'élève, et l'air froid, plus lourd, descend, aspiré sous l'air chaud. Les vents soufflent où l'air présente des différences de température, et donc de pression, et ils se dirigent toujours des hautes vers les basses pressions. Certains ne soufflent que localement, comme le mistral dans le sud-est de la France ou le chinook en Amérique du Nord. Les autres font partie de la circulation atmosphérique qui gouverne sur tout le globe.

LA TOUR DES VENTS
Sur cette construction octogonale édifiée à Athènes au Ier siècle av. J.-C. par Andronicos, chaque vent est symbolisé sur une face par un personnage mythologique. Borée, le vent du nord, et Notos, celui du sud, étaient les deux principaux vents.

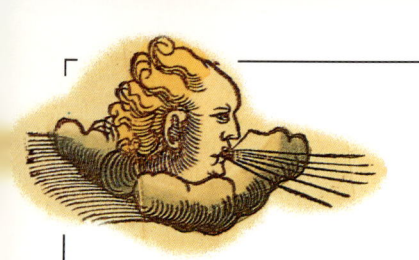

Courants-jets de la haute atmosphère
Front polaire
Vent polaire
Air chaud tropical
Vent d'ouest
Alizé, ou vent d'est

LES DIRECTIONS DES VENTS
Les vents sont liés au système global de circulation de l'atmosphère qui meut l'air chaud de l'équateur vers les pôles et l'air froid dans le sens inverse, gouvernant ainsi l'équilibre des températures. A l'équateur, l'air chaud s'élève dans la haute atmosphère, puis glisse vers les pôles. Il se rafraîchit et descend au-dessus des zones subtropicales. L'air continue pour une partie son chemin vers les pôles et pour l'autre retourne vers l'équateur. La Terre tournant sur elle-même, les vents s'inclinent vers la droite, au nord de l'équateur, et vers la gauche, au sud (effet de Coriolis). Ainsi, les alizés retournant vers l'équateur à partir de la zone subtropicale, sont orientés au nord-est, au nord de l'équateur, et au sud-est, au sud de l'équateur. Ceux qui continuent vers les pôles, à partir de la zone subtropicale, sous les latitudes moyennes, sont des vents d'ouest.

Crête du coq indiquant la direction du vent

GIROUETTE DE TERRE
La girouette tournoie dans le vent pour nous en indiquer la direction. En pays chrétiens, les girouettes ont souvent la forme d'un coq et ont orné les clochers des églises dès le IXe siècle apr. J.-C. Elles étaient censées rappeler le coq qui chanta trois fois avant que l'apôtre saint Pierre renie le Christ. Aujourd'hui, ce symbolisme religieux est bien oublié.

GIROUETTE DE MER
Ces drapeaux à longue pointe, ou penons, flottaient sur les bateaux pour indiquer la direction du vent. Ils étaient souvent aussi décoratifs que fonctionnels, et au XVIIe siècle, la plupart des gros navires en étaient festonnés. Au Moyen Age, ces banderoles, disposées sur les champs de bataille, permettaient aux archers d'ajuster leurs tirs en fonction du vent.

Croix indiquant le nord, l'est, le sud et l'ouest.

42

Echelle de la force du vent

Boule oscillante

Plan vertical maintenant la jauge face au vent

MESURER LE VENT
L'anémomètre à bras oscillant est probablement le plus ancien instrument à mesurer la force du vent. Leon Battista Alberti le décrivait déjà vers 1450. Plus le vent est fort et plus les oscillations de la boule sont grandes.

L'ÉCHELLE DU VENT
En 1805, l'amiral anglais sir Francis Beaufort mit au point une échelle de mesure des vents en observant leurs effets sur la voilure des navires. Plus tard, l'échelle de Beaufort a été adaptée à l'utilisation terrestre où l'intensité du vent est divisée en 13 « forces » : force 0 (calme) ; force 1 (très légère brise) ; force 2 (légère brise) ; force 3 (petite brise) ; force 4 (jolie brise) ; force 5 (bonne brise) ; force 6 (vent frais) ; force 7 (grand frais) ; force 8 (coup de vent) ; force 9 (fort coup de vent) ; force 10 (tempête) ; force 11 (violente tempête) ; force 12 (ouragan).

Force 0 : calme complet

Force 6 : vent frais donnant quelques grosses vagues à crêtes d'écume.

Force 10 : tempête. Les hautes vagues sont surmontées de longues crêtes.

Coupelles dont la vitesse de rotation indique la force du vent

OISEAUX DE CHINE
Déjà, en 500 av. J.-C., les Chinois lâchaient des cerfs-volants dans le vent. Certains représentaient des dragons pour effrayer les ennemis, et d'autres, dit-on, étaient assez grands pour emmener des observateurs. Quelques-uns avaient la forme d'une chaussette et indiquaient la force et la direction du vent, comme les manches à air de nos aéroports.

MOULINETS À VENT
Inventés en 1846, les anémomètres à rotation mesurent la vitesse du vent. Lorsque les coupelles tournent, un index déclenche un contact électrique, enregistrant ainsi le nombre de tours en un temps donné. Le vent ne souffle ni régulièrement, ni continûment : sa vitesse et sa direction sont moyennées sur quelques minutes.

Le rotor tourne la girouette dans la direction du vent.

Girouette

MOULINS À VENT
Ils sont habituellement face au vent dominant, dans la direction du vent qui souffle le plus souvent.

La vitesse moyenne du vent est enregistrée sur un papier millimétré entraîné par un cylindre.

LES OURAGANS, DES VENTS QUI DÉVASTENT

Appelés typhons dans le Pacifique, « willy-willies » en Australie et cyclones tropicaux par les météorologues, les ouragans ont un grand pouvoir destructeur. Des vents de 360 kilomètres à l'heure déracinent les arbres et endommagent les habitations. Des pluies torrentielles peuvent inonder des régions entières et de hautes marées – les « tempêtes de houle » – submerger les côtes. Les dégâts sont toujours importants et les victimes nombreuses.

Les ouragans naissent au-dessus des océans tropicaux et commencent en petits orages. Si la température de la mer dépasse 27 °C, des vents contraires se regroupent et tourbillonnent les uns autour des autres. Peu après, ce mouvement cyclonique file à travers l'océan, vers l'ouest, aspirant l'air chaud et humide et tournoyant en cercles toujours plus resserrés. Au départ, le centre de l'ouragan s'étend parfois sur 320 kilomètres, et les vents ne sont encore que des vents de tempête. Lors de son déplacement, l'ouragan acquiert de l'énergie grâce à l'air chaud qu'il aspire. En arrivant près des côtes, son œil ne s'étend plus que sur 50 kilomètres, la pression y a beaucoup baissé et les vents deviennent de véritables ouragans.

Les vents violents d'ouragan détruisent souvent les habitations.

ANATOMIE D'UN OURAGAN
La pression de l'air dans l'œil d'un ouragan est basse, et le calme y règne : les vents tombent totalement et un petit coin de ciel clair apparaît. Toutefois, l'accalmie est éphémère. Des pluies torrentielles s'abattent autour de l'œil et les vents furieux, aspirés à partir de l'air chaud qui tournoie tout près du mur de l'œil, circulent déjà à une vitesse de 120 km/h. Si la pluie et le vent sont à leur plus bas niveau tout près de l'œil, les bandes de pluie et de vent peuvent s'étendre jusqu'à 400 km de là. Il s'écoule 18 h ou plus avant que l'ouragan soit complètement passé.

UN BIENFAIT MITIGÉ
La végétation et l'agriculture de nombreuses îles tropicales dépendent des pluies amenées par les ouragans. Mais les vents violents qui les accompagnent peuvent aussi ravager les récoltes. Il n'y a guère que les bananiers qui reprennent rapidement.

Les vents les plus forts soufflent avec des pointes à 360 km/h en-dessous du mur de l'œil, cette partie qui est immédiatement à l'extérieur de l'œil.

SURVEILLER LES NUAGES
Lorsqu'un ouragan est repéré par des images satellites, des avions de reconnaissance volent à travers la tempête pour mesurer à plusieurs reprises la violence du vent ainsi que la route du cyclone. Depuis 1954, on a donné des noms à toutes les tempêtes tropicales pour éviter les risques de confusion lorsque les prévisions sont publiées ou les ordres d'évacuation donnés.

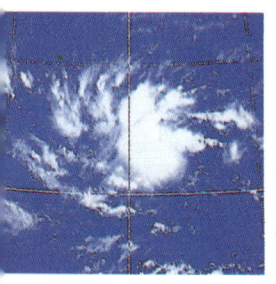

1. 1ᵉʳ jour : les orages se développent sur la mer.

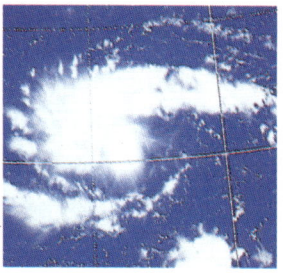

2. 2ᵉ jour : il se forme un tourbillon de nuages.

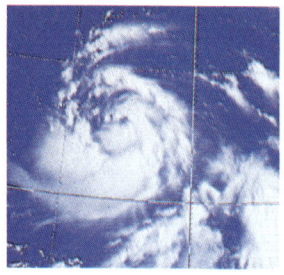

3. 4ᵉ jour : les vents se renforcent et un centre précis se dessine.

4. 7ᵉ jour : l'œil se forme, le typhon est en pleine maturité.

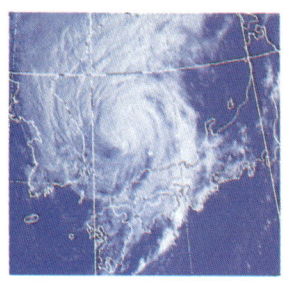

5. 11ᵉ jour : l'œil est passé sur les terres, le typhon se dissipe.

VIE D'UN OURAGAN

Un typhon sur le Pacifique débute lorsque l'eau s'évapore au-dessus de l'océan sous un soleil très chaud et produit des cumulus et des groupes d'orages (1). Un tourbillon de nuages se développe : la tempête n'est encore qu'une forte dépression (2). Les vents deviennent de plus en plus forts et tournent autour d'un centre unique (3). Puis un œil se forme juste à l'intérieur de l'anneau des vents les plus violents et les plus dévastateurs (4). Quand un tel orage passe sur les terres – ici, celles du Japon – ou sur des mers froides, il perd sa source d'énergie, et les vents tombent rapidement (5).

De la glace se forme au sommet des nuages.

Grand bouclier circulaire de nuages, se déployant vers l'extérieur : il est dû à l'air qui ondoie au sommet de la tempête.

Mur de l'œil

Bandes de pluies en spirales

Air chaud et humide tourbillonnant autour de l'œil

Les ouragans peuvent s'étendre sur plus de 800 km.

La chaleur de l'air marin fournit l'énergie nécessaire à l'ouragan.

Œil calme de l'ouragan où les vents restent inférieurs à 25 km/h

Air descendant dans l'œil et permettant une éclaircie

Les vents très au-dessus de 160 km/h soufflent sur une grande surface.

QUAND L'OURAGAN SÉVIT

Les ouragans étaient bien plus meurtriers quand ils n'étaient pas signalés à l'avance. En 1940, les franges d'un ouragan se sont abattues brutalement sur la ville d'Albany, en Georgie (Etats-Unis), détruisant de nombreux immeubles et causant la mort de plusieurs centaines de personnes.

LES TORNADES, DES VENTS QUI TOURNOIENT

Les tornades, ou trombes, frappent n'importe où, et leurs spirales tournoyantes de vent laissent derrière elles des dégâts considérables. Elles passent en quelques minutes, mugissantes, soulevant des animaux, des voitures, et même de solides constructions, puis les rejetant au sol. Les instruments résistent rarement à leurs passages, il est donc difficile de connaître exactement les conditions qui règnent en leur sein. Au bord extérieur, les vents tournoient probablement à près de 400 kilomètres à l'heure, tandis que la progression de la tempête elle-même est d'environ 50 kilomètres à l'heure. Au centre, la pression doit être de quelques centaines de millibars inférieure à la pression environnante, créant un entonnoir capable d'aspirer des débris ou d'arracher le faîte des arbres.

PETIT TOURBILLON
Fréquentes et violentes aux Etats-Unis, les tornades peuvent survenir partout où il y a des orages ; cette gravure évoque une tornade en Angleterre.

1 COLONNE TOURNOYANTE
Les tornades se forment à l'intérieur de vastes nuages lorsqu'une colonne d'air chaud s'élevant brutalement est mise en rotation par les vents au sommet des nuages. Lorsque l'air est absorbé dans la colonne tourbillonnante, il tourne très vite, s'étirant sur plusieurs kilomètres à travers le nuage et forme un entonnoir vrillé : la tornade.

CERCLES DE CÉRÉALES
Longtemps, ces cercles parfaits où les récoltes étaient aplaties ont été considérés comme énigmatiques. Quelques personnes pensaient qu'ils pouvaient être l'œuvre de vents tourbillonnants.

2 DERVICHE TOURNEUR
Très vite, l'entonnoir atteint le sol et, en son centre, un terrible courant ascendant entraîne dans les airs les poussières, les détritus, les voitures, les animaux et les personnes. Les gros morceaux de bois, projetés par des vents furieux, sont transformés en projectiles. Une tornade détruit très sélectivement, réduisant en miettes les maisons sur son passage, et laissant totalement indemne tout ce qui est à proximité immédiate. Il arrive que des tornades soulèvent des objets, les transportent et les reposent doucement, intacts, quelques centaines de mètres plus loin.

MENACE POUSSIÉREUSE
Différents des tornades et des trombes d'eau qui tombent des nuages, les tourbillons de poussière sont formés dans le désert par des colonnes d'air chaud tourbillonnant à partir du sol. Plus faibles, ils provoquent quelques dégâts. Ces tourbillons peuvent aussi charrier de la neige ou de l'eau, bien qu'ils prennent naissance au-dessus de la terre.

TROMBE À L'HORIZON
Les trombes, des tornades maritimes, sont souvent plus longues que les tornades terrestres mais moins violentes. Les vents tournoient à moins de 80 km/h, parce que l'eau est plus lourde que l'air, et parce que les différences de température exigées pour la formation d'un violent courant d'air chaud sont moins marquées sur l'eau que sur l'air.

TOITURES VOLANTES
Dans les vents violents des tornades, les toits des maisons, à cause de leur surface plane, se comportent comme les ailes d'un avion. Une fois le toit arraché, le reste de la maison se disloque.

3 TOURBILLONS SAUTILLANTS
Pour un moment, l'entonnoir s'est élevé un peu au-dessus du sol, épargnant ainsi les maisons. Mais il peut redescendre subitement. Ici, cette grande tornade abrite plus d'un tourbillon, chacun tournant autour du cercle du tourbillon principal.

Entonnoir touchant le sol et entraînant un tourbillon de poussière.
Les tornades pendent sous d'immenses nuages et peuvent donc frapper partout où sévissent les orages.

47

UN JOUR BRUMEUX

Par temps humide, quand les vents sont faibles et les cieux clairs, l'humidité se condense près du sol et forme de la brume ou du brouillard, particulièrement à l'aube ou au crépuscule. Dans certaines régions, le jour se lève souvent sur un brouillard qui se disperse dès que le soleil chauffe l'air et met en branle des vents assez forts. Quelquefois, il se forme lorsque le sol est suffisamment froid pour amener l'air à son point de rosée et l'obliger à se condenser. Ce phénomène, appelé brouillard de rayonnement, se produit en général après de belles nuits claires, là où il y a beaucoup d'humidité : vallées, régions de lacs ou ports. Le brouillard peut également survenir par advection quand un vent chaud et humide souffle sur une zone très froide.

PHARE EMBRUMÉ
Un brouillard dense et persistant peut se former sur certaines régions maritimes comme le sud-ouest de la Grande-Bretagne. Les feux des phares se perdent alors dans cette « purée de pois », et les marins ne peuvent plus compter que sur les sirènes et les cornes de brume.

BROUILLARD CALIFORNIEN
A San Francisco, les tours du pont du Golden Gate émergent souvent au-dessus d'une épaisse brume qui provient du Pacifique. Ce brouillard d'advection se forme lorsque l'air chaud et humide du sud passe sur les courants froids venant de l'Arctique. En arrivant près des côtes, il s'évapore rapidement au-dessus des terres chaudes et se dissipe lorsqu'il atteint la région de San Francisco. Sur la côte, les brouillards d'advection, contrairement aux brouillard de rayonnement, mettent plus longtemps à se dissiper : ils ne pourront disparaître que lorsque les conditions climatiques qui les ont amenés auront changé.

Sur la mer, la température ne peut pas descendre suffisamment bas pour former du brouillard.

MASQUES ANTIPOLLUTION
Les zones urbaines sont particulièrement sujettes aux brouillards épais. Près de l'eau, leur air contient des noyaux de condensation qui en favorisent la formation (pp. 22-23). Les particules polluantes – autres noyaux de condensation – produites par les échappements de voitures, les cheminées d'immeubles et d'usines obligent parfois les cyclistes à porter des masques.

LE SMOG LONDONIEN
L'industrie lourde et le chauffage domestique au charbon avaient fait de Londres une ville sale, célèbre pour son brouillard « à couper au couteau » : la visibilité tombait à 15 m, ou moins. Durant les années 1950, les décisions gouvernementales de « nettoyage » ont considérablement réduit les brouillards, et celui de cette gravure appartient au passé.

Les vents légers introduisent de l'air nouveau pour soutenir la brume.

1 024 mb — Ciel clair — Vent léger

Le brouillard est constitué de gouttelettes de vapeur d'eau atmosphérique condensée en suspension dans l'air.

Le brouillard s'étend lentement vers le haut à partir de la surface de l'eau.

DOUBLE BROUILLARD
Le brouillard côtier est un mélange de brouillards de rayonnement et d'advection. Par un jour chaud et clair, une brise de mer peut amener sur les terres de l'air relativement froid et humide (pp. 56-57) qui, la nuit, retourne en grande partie vers la mer, remplacé par de l'air continental plus sec. Mais de l'air marin peut s'attarder et se refroidir jusqu'à se condenser en brouillard.

SENS DESSUS DESSOUS
Le brouillard se forme juste au-dessus du sol ou de l'eau, et s'étend lentement de bas en haut. La hauteur de la couche est faible, car les conditions de ciel clair et calme qui favorisent sa formation produisent aussi une inversion dans la décroissance de la température avec l'altitude, l'air devenant plus chaud à 500 m du sol. L'altitude de ce phénomène d'inversion marque le plafond du brouillard.

« QUEL TEMPS FERA-T-IL AUJOURD'HUI ? »

Le temps peut beaucoup changer au cours d'une journée, et ces changements quotidiens sont parfois plus étonnants que certaines variations à long terme. Dans de nombreuses régions tropicales, les mêmes écarts se produisent régulièrement jour après jour : les matinées belles et ensoleillées sont souvent suivies d'accumulations de nuages d'orage dès que s'agitent de forts courants ascendants, et dans l'après-midi, il s'ensuit un bref déluge et un crépuscule serein. Une séquence de temps semblable se produit souvent aux moyennes latitudes lorsque le temps est chaud et stable : le passage d'une dépression transforme, en quelques heures, un beau soleil en pluie.

Sommets de nuages où se forme de la glace

Cumulo-nimbus

Cirrus de haute altitude

Croissance active de cumulus

Petits cumulus de début de matinée

Ballon s'envolant par un beau jour d'été

DE L'AUBE AU CRÉPUSCULE
Un jour de la fin du printemps, sous une latitude moyenne, un front froid laisse peu après son passage un temps pluvieux.

8 H 30
Le temps est souvent très calme au commencement et à la fin du jour, car le soleil est trop froid pour agiter l'air ; c'est pourquoi les lâchers de ballons se font plutôt à l'aube ou au crépuscule.

11 H 20
Lorsque le soleil chauffe plus fort, il agite l'air et des cumulus peuvent se former Au milieu de la matinée, ces nuages se sont déjà développés en cumulo-nimbus, et quelques averses isolées se sont même produites.

14 H
A moins qu'un front ne passe au-dessu habituellemen les températures s'élèvent à un maximu au début de l'après-midi quand la chaleu du soleil compens le rayonnemen de la Terre (pp. 18-19 Si l'air est assez humid les courants d'a s'élevant rapidemen forment des cumul et le vent fraîch

50

mmets glacés de
ages dispersés
r des vents de
ute altitude

*Ciel chargé
de nuages*

*Fortes
pluies
localisées*

*Le ciel
s'illumine
derrière
le nuage.*

Pluie

15 H 00
L'après-midi, les nuages
prennent une telle extension
en hauteur que des orages surviennent.
Ici, les amas de nuages se sont réunis
et vont produire de forts orages, avec tonnerre,
éclairs, pluies violentes et grêle à l'arrière.

15 H 45
Le ciel est encore assombri
par un gigantesque cumulo-nimbus
gris dont le sommet est caché par des
nuages plus bas autour de l'orage
qui est maintenant au-dessus du premier
plan. Les coups de vent avertissent
de la venue de forts courants
descendants et d'une pluie torrentielle.

17 H 45
Les lourds nuages ont commencé
à s'élever et à s'éloigner, bien que
la pluie tombe encore. La lumière
s'infiltre sous la base des nuages,
illuminant les gouttes de pluie
et provoquant un arc-en-ciel. Le plus fort
de l'orage est passé. Parfois, un second
arc-en-ciel se forme à la base du premier.

19 H 00
Au crépuscule, le vent est tombé,
les orages et les averses
se sont éloignés, laissant
seulement quelques
cumulus dispersés.
Contrastant avec
le ciel clair du matin,
des nuages de moyenne
altitude continuent
de croître, indiquant
qu'un petit creux
de basse pression
s'approche par l'ouest.

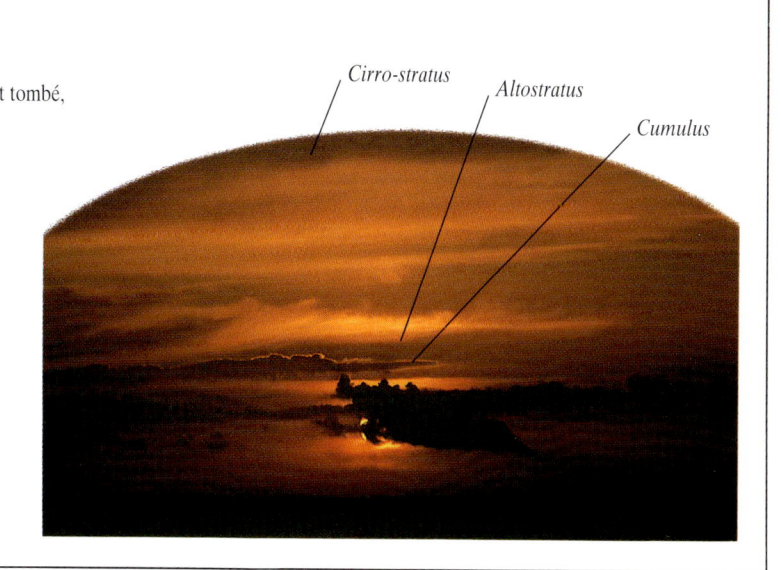

Cirro-stratus
Altostratus
Cumulus

ÂTEAUX AÉRIENS
ans de bonnes conditions, une couche d'air
aud peut se former au-dessus de la mer.
Sicile, ce phénomène produit un mirage
milieu de la matinée, connu sous le nom
« Fata Morgana ». Ce sont les images d'objets
s l'horizon, invisibles, sauf si l'air chaud
rbe les rayons lumineux qui en sont issus.

51

LE TEMPS DE MONTAGNE

Haut dans l'atmosphère, la pression tombe, les vents sont violents, et le froid est vif. Sur les cimes des montagnes comme celles du mont Everest, la pression est de 300 millibars, les vents rugissent à 320 kilomètres à l'heure et la température chute souvent à 70 degrés Celsius en dessous de zéro. Au-dessus d'une certaine altitude – la ligne des neiges –, les montagnes sont perpétuellement couvertes de neige et de glace, car elles interfèrent avec les vents et les nuages, obligeant l'air à monter ou à descendre lorsqu'ils franchissent leurs cimes. Comme l'air s'élève sur le côté du vent des montagnes, les sommets les moins élevés sont souvent dans la brume et dans la pluie.

Baromètre

Niveau de mercure

SYMPHONIE EN NUAGES ET NEIGE
Les plus hauts pics des chaînes montagneuses se projettent au-dessus des sommets des nuages, baignant dans la lumière du soleil, tandis que la vallée est dans l'ombre de ces mêmes nuages. Dans cet air clair, vif et sec, les pics, bien qu'ensoleillés, sont généralement d'un froid glacial, la neige réfléchissant tout le rayonnement du soleil. Près de l'équateur, seuls les sommets au-dessus de 5 000 m sont toujours couverts de neige, car la vapeur d'eau est trop froide pour donner de la pluie. Mais plus on se rapproche des pôles, plus la ligne de neige est à basse altitude.

Pic sans nuages

Neige éternelle

Traînées de nuages de glace

DURES CONDITIONS
En montagne, les météorologues ne sont guère favorisés par le temps. Sur le mont Washington (1 917 m), aux Etats-Unis, les vents peuvent atteindre 160 km/h, les températures sont souvent au-dessous de – 30 °C, et le brouillard y est fréquemment dense.

La nuit, l'air froid s'écoule dans les vallées et les refroidit.

EXPÉRIENCE VÉRIFIÉE
En 1648, Blaise Pascal, confirma les idées de Torricelli (pp. 10-11) sur le poids de l'atmosphère. Il pensa que, si Torricelli avait raison, la pression de l'air devait être plus basse au sommet d'une montagne puisque l'air est moindre qu'au-dessus de la plaine environnante. Et en effet, quand son beau-frère transporta son baromètre sur le Puy de Dôme, le niveau du mercure chuta comme prévu.

HUMIDITÉ GARANTIE
Même lorsqu'ils ne sont pas froids, les sommets des montagnes ont tendance à être humides et brumeux, particulièrement s'ils s'élèvent dans un courant d'air humide. Le mont Hualalai d'Hawaï est environné de nuages près de 354 jours par an, et les chutes d'eau annuelles dépassent les 11 600 mm de pluie !

Basse pression

Petite couverture nuageuse

Vent de 165 km/h ou plus

Cette face nord est toujours dans l'ombre. Elle est si froide que la glace brise la roche, d'où son aspect rocailleux et escarpé.

L'air poussé sur les montagnes redescend sous forme de nuages dans la vallée.

FLEURS ALPINES
Cette renoncule s'est adaptée au temps ensoleillé et froid des Alpes, où elle fleurit en grand nombre au printemps.

HAUTE SIERRA
En haute montagne, un vent fort accroît les effets du froid glacial, même les jours ensoleillés. Les sommets sont presque toujours plus ventés que les basses contrées découvertes : les vents soufflent plus fort à 1 000 m qu'au niveau de la mer. Les vents s'élancent vers les sommets des montagnes et gagnent de la vitesse.

L'air chauffe et se dessèche le long du côté sous le vent.

Côté sous le vent, c'est-à-dire à l'abri du vent

Pluie sur les sommets

Air chaud et humide

Air froid

Côté dans le vent

SOULÈVEMENTS D'AIR
Quand un courant d'air humide rencontre une chaîne de montagnes, il s'élève, se refroidit et se condense en nuages autour des sommets. Ces derniers peuvent alors se comporter comme des « nourrisseurs », arrosant d'une petite pluie fine les sommets des nuages des niveaux inférieurs, qui à leur tour déverseront de grosses pluies sur la vallée. Les fronts peuvent être rompus par les montagnes. Les fronts chauds se brisent contre les arêtes des montagnes et les fronts froids y déversent tant de pluie qu'ils disparaissent en arrivant sur les plaines qui suivent, amenant de la pluie du côté du vent et de la sécheresse de l'autre côté.

LE TEMPS DE PLAINE

Loin de la mer ou séparées d'elle par des montagnes, les grandes plaines d'Amérique du Nord, les steppes de Russie, les pampas d'Amérique du Sud et les prairies d'Australie connaissent des étés chauds, des hivers froids et reçoivent peu de pluie. Les fronts perdent leur énergie avant d'atteindre le centre de ces plaines ou sont brisés par les chaînes de montagne. La pluie y tombe plutôt en été, quand un soleil ardent agite l'air et provoque des orages. En hiver, les précipitations sont rares, mais, à l'automne, la neige peut tomber et tenir jusqu'au printemps. À l'ombre des montagnes, de nombreuses plaines sont si sèches que seules la broussaille et les plantes grasses y poussent.

CHASSE HIVERNALE
Les millions de bisons qui parcouraient autrefois les grandes prairies nord-américaines étaient une manne pour les tribus indiennes qui y vivaient. En hiver, les Indiens chaussaient leurs raquettes pour ne pas s'enfoncer dans la neige.

Les cieux souvent clairs donnent des étés chauds et des hivers froids.

CHAUD COUP DE VENT
Les plaines en contrebas des montagnes sont sujettes à des vents qui se sont réchauffés lors de leur descente le long du flanc des montagnes. Le simoun du Sahara et le chinook des Rocheuses (Etats-Unis) sont typiques de ces vents chauds.

ONDES DE NUAGES
Les chaînes de hautes montagnes perturbent les vents qui y soufflent et produisent des ondes qui restent sur place dans l'atmosphère. Des bandes de nuages stationnaires peuvent se former à la crête de chaque onde.

GRAND ÉCART
Loin des océans et de toute source d'humidité, les cieux au-dessus des plaines sont souvent clairs, lumineux et bleus. Ces caractéristiques entraînent de grands écarts de température entre l'été et l'hiver, ainsi qu'entre le jour et la nuit. Les températures hivernales sont très au-dessous de 0 °C et des gelées sévères persistent pendant des semaines, tandis qu'en été les températures chutent dès le coucher du soleil.

TERRES BRÛLÉE
La plupart des grands désert sont des plaines. L'a au-dessus des déser se réchauffe lors d sa descente, créant de conditions de sécheress puis il quitte la régio désertique, empêchant l'a humide d'entrer. Le versant de montagnes exposé au vent est arrosé

1 000 mb | Nuageux mais ensoleillé | Vent fort

Une onde de nuages lenticulaires se forme souvent en bandes au-dessus du côté sous le vent des montagnes, s'accumulant parfois en piles d'assiettes.

Comme ils rencontrent peu d'obstacles qui puissent les ralentir, les vents sont souvent très forts en plaine.

La faiblesse des chutes de pluie amène une végétation rabougrie et broussailleuse.

Basse pression
Zone photographiée
Haute pression

POUSSIÈRE DE POUSSIÈRE
Loin de la mer, les plaines sont soumises à de fortes variations climatiques. Au début du XXe siècle, le renforcement des vents d'ouest a accentué l'effet desséchant des montagnes Rocheuses. Les faibles pluies des années 1930 ont réduit les prairies de cette région à une cuvette de poussière sèche, et de nombreuses familles ont dû abandonner leur ferme.

ÉTÉS INFERNAUX
Dans la vallée de la Mort, en Californie, les températures ont atteint 56,7 °C, en 1913. Dans le Queensland, en Australie, elles sont montées jusqu'à 53,1 °C en 1889. La température la plus élevée jamais enregistrée est 58 °C, en Libye, en 1922.

LE TEMPS DE MER

Sur les régions côtières, la présence de la mer entraîne un temps particulier. Grâce aux vents qui y soufflent, les côtes sont plus humides que l'intérieur des terres, surtout si elles sont sous le vent dominant. Elles peuvent aussi être nuageuses. Alors que les cumulus se forment sur les terres pendant le jour, au-dessus des côtes face aux vents, ils s'accumulent même la nuit, quand un vent froid souffle sur une mer chaude et amènent parfois des averses locales. De la même façon, des brouillards se forment en mer, puis s'étendent sur les terres. Au lever du jour, la mer est souvent recouverte d'une épaisse brume qui ne se disperse que si le vent change, ou si la chaleur du soleil l'évapore. La mer, qui garde bien la chaleur, est un élément pondérateur et les climats côtiers sont généralement moins extrêmes que les climats continentaux : les nuits sont souvent plus chaudes sur les côtes, les hivers plus doux – aux latitudes moyennes, les gelées sont rares – et les étés un peu plus frais.

Les vents d'ouest dominants qui soufflent du large assèchent le côté exposé des arbres et des arbustes qui perdent feuilles et bourgeons et semblent être courbés vers l'intérieur des terres.

ATTENTION AU VENT
La mer ne présente aucun obstacle aux vents qui soufflent du large, et les différences de température entre la terre et la mer créent de vives brises. Les habitués des stations balnéaires en savent quelque chose !

FRISSONS DE PAYSAGE
Ce tableau représente la côte de l'Oregon, au nord-ouest des Etats-Unis, typique des côtes ouest aux latitudes moyennes où les dépressions profondes sont courantes. Un front froid vient juste de passer et pénètre dans les terres. Une saillie de nuages s'attarde et les cumulus se développent encore, provoquant à l'horizon des averses. Lorsque le front se déplace sur les terres, il peut amener des pluies, progressivement plus faibles en raison de la diminution de l'humidité qui les alimente.

BROUILLARD CÔTIER
Au large de la côte canadienne de Terre-Neuve, les vents chauds d'ouest soufflent sur une mer refroidie par les courants descendant de l'Arctique. Ils produisent des brouillards d'advection (pp. 48-49) qui persistent jusqu'à ce que la direction des vents change en fonction du réchauffement de la mer.

1 000 mb   Légèrement couvert   Vent fort

DU VENT ET DES VAGUES
Les vents qui permettent aux véliplanchistes de glisser sur la mer sont des brises marines locales, mais les vagues que chevauchent les surfistes sont créées loin des plages. La hauteur des vagues dépend de la force du vent, de leur longueur, du lieu où il souffle : on appelle distance d'action le chemin parcouru par les vagues depuis l'endroit où le vent est entré en action. Les vagues sont renforcées si la turbulence de l'air crée de petites poches de basses et de hautes pressions qui aspirent et repoussent l'eau.

Nuages résiduels
front froid

Cumulus se développant

Les vagues se brisent sur les hauts-fonds où la hauteur de l'eau n'atteint pas la moitié de celle de la vague.

L'absence de crêtes sur les vagues indique que le vent est très léger.

L'air marin chaud s'avance vers la côte pour remplacer l'air froid qui descend.

La terre se refroidit rapidement.

L'air tombe sur la terre, chasse l'air vers la mer en surface et crée la brise de terre.

La mer se refroidit lentement.

Brise de terre nocturne

L'air tombe sur la mer froide.

Air poussé vers la mer augmentant la pression atmosphérique sur la mer froide

Air s'élevant sur la mer chaude, poussant l'air vers la terre

Air tombant sur la mer, chassant l'air vers le rivage et créant une brise de mer

Air chaud s'élevant à environ 1 km d'altitude

La terre chauffe rapidement sous le soleil.

La mer s'échauffe lentement.

Brise de mer diurne

BRISE DE TERRE ET BRISE DE MER
Une caractéristique des zones côtières est l'existence de circulation de vents locaux dits brise de mer et brise de terre. L'une et l'autre se produisent parce que la terre et l'eau absorbent et restituent la chaleur solaire à des vitesses différentes. Pendant le jour, le soleil chauffe la terre qui, à son tour, chauffe l'air. En s'élevant, ce dernier cède la place à un flux marin froid et plus lourd, créant une brise de mer qui souffle vers la terre. Inversement, la nuit, la terre se refroidit plus vite que la mer et l'air plus froid passe sous l'air chaud de la mer : c'est la brise de terre soufflant vers la mer.

QUAND LE CIEL SE COLORE

Les gaz, les poussières, les cristaux de glace et les gouttelettes d'eau que contient l'atmosphère séparent la lumière blanche du soleil en une riche variété de couleurs – les sept couleurs de l'arc-en-ciel. Un ciel pur apparaît bleu parce que les gaz diffusent la composante bleue de la lumière. Un ciel de couchant peut devenir rouge feu parce que les rayons solaires parcourent au crépuscule un plus long trajet à travers les couches basses, denses et poussiéreuses de l'atmosphère qui diffusent le rouge. Les mouvements incessants de l'atmosphère sous l'action du soleil et du vent ornent constamment le ciel de nouvelles couleurs. Parfois, la lumière solaire se réfracte à travers de la glace ou de l'eau et crée de spectaculaires arcs-en-ciel ou un triple soleil. À d'autres moments, des décharges électriques peuvent colorer le ciel, même la nuit.

LES COULEURS DE LA LUNE
En de rares occasions, les gouttes d'eau peuvent réfracter la lumière de la lune pour former un arc-en-ciel de lune. Les pâles couleurs sont les mêmes que celles d'un arc-en-ciel de soleil.

AURORES POLAIRES
Elles résultent des particules solaires électriquement chargées qui heurtent les gaz de la haute atmosphère au-dessus des pôles, où elles sont piégées par le champ magnétique terrestre.

ARC MAGIQUE
De nombreuses civilisations attribuaient à l'arc-en-ciel des propriétés magiques. Pour les Indiens Navajo, il était un esprit. Sur cette couverture, il enveloppe deux autres êtres surnaturels, tandis qu'un épis de maïs est planté au centre.

Bas, les stratus sont dans l'ombre.

Lumière sanctifiée

Par temps orageux, il arrive que d'étranges boules de lumière éclairent les sommets des mâts. Ces « feux de Saint-Elme » sont dus, comme la foudre, à des décharges électriques.

Trois soleils à la fois

Un halo coloré se forme souvent autour du soleil à travers des cirro-stratus ou des altostratus. Ce phénomène est dû aux cristaux de glace qui réfractent la lumière solaire. Des faux soleils peuvent aussi apparaître de part et d'autre, affublés de queues blanches.

Géants de brumes

Ces fantômes de brume apparaissent en montagne lorsque la lumière solaire projette les ombres agrandies sur les basses couches d'un brouillard ou sur des nuages tout proches.

Les couleurs de l'eau

Les arcs-en-ciel sont dus à la réfraction de la lumière solaire à travers des gouttes d'eau. Ils sont courbes parce que les gouttes sont rondes, et colorés parce que chaque goutte d'eau décompose la lumière blanche du soleil en un spectre de lumières comme le fait un prisme. Les couleurs sont toujours dans le même ordre : le rouge, à l'extérieur, puis l'orange, le jaune, le vert, le bleu, l'indigo et le violet.

L'arc-en-ciel est créé par la réfraction à travers la pluie d'un nuage beaucoup plus haut dans le ciel.

Cumulo-nimbus s'éloignant

Rouge au sommet, ou à l'extérieur, de l'arc-en-ciel

Jaune au centre de l'arc-en-ciel

Violet à la base, ou à l'intérieur, de l'arc-en-ciel

Les arcs-en-ciel se forment par temps pluvieux, quand une éclaircie apparaît entre les nuages après la pluie.

LE TEMPS À TRAVERS LES ÂGES

Depuis la formation de la Terre qui acquit son atmosphère il y a quelque quatre milliards d'années, le climat de notre planète a subi bien des variations. Les plus considérables eurent lieu entre les périodes froides, dites glaciaires, et les périodes chaudes, dites interglaciaires. Durant les périodes glaciaires, les glaces des pôles couvrirent jusqu'à un tiers du globe, sous une couche de 240 mètres d'épaisseur. La dernière époque glaciaire prit fin il y a 10 000 ans environ et a laissé place depuis à une période interglaciaire, dans laquelle sont intervenues de nombreuses petites variations du temps. Aujourd'hui, l'activité humaine modifie l'atmosphère, réchauffant le monde si radicalement que la vie semble menacée.

AIR FOSSILE
Bulles d'air et petits animaux ont été piégés dans la sève des arbres qui s'est fossilisée en ambre. L'air qui y est retenu nous montre l'atmosphère terrestre telle qu'elle était autrefois.

Cernes plus ou moins étroits

FIN DE RÈGNE
Les dinosaures ont dû être exterminés par un changement brutal du climat, survenu il y a environ 65 millions d'années. Une énorme météorite aurait heurté la planète, provoquant tant de poussière que l'assombrissement du soleil l'a refroidie.

LIRE DANS LA GLACE
La glace extraite des glaciers révèle la nature du climat au moment de sa formation. L'analyse des petites bulles d'air gelées durant l'ère glaciaire indique que l'atmosphère contenait moins de gaz carbonique qu'aujourd'hui : l'effet de serre était moindre.

LA CHALEUR DU PASSÉ
Le charbon et le pétrole sont les restes compressés des vastes forêts qui croissaient au Carbonifère, il y a 300 millions d'années. A cette époque, le climat était beaucoup plus chaud qu'aujourd'hui.

PREUVE DE CROISSANCE
Chaque cerne d'un tronc d'arbre correspond à une année de croissance. S'il est large, l'arbre a bien crû, et le temps était chaud ; s'il est étroit, l'année était froide.

LE TEMPS DES LAINEUX
A la fin de la dernière ère glaciaire, les mammouths erraient près des bancs de glace loin des pôles. Leur pelage laineux à longs poils les protégeait du froid. Quelques-uns ont été retrouvés presque intacts, pris dans les glaces de la Sibérie.

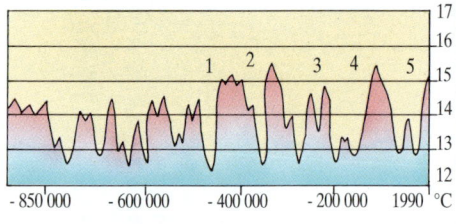

DES HAUTS ET DES BAS
Les pics de température montrent cinq périodes interglaciaires majeures, chaudes séparées par cinq ères glaciaires, quand les températures étaient de 3°C plus froides qu'elles ne sont aujourd'hui – un froid suffisant pour que des bancs de glace s'étendent sur la moitié de l'Amérique du Nord et aussi loin que les Alpes en Europe

LES VIKINGS
Vers 1000 apr. J.-C., le climat devint si chaud que les glaces de l'Arctique ont fondu en grande quantité. En ce temps, les Vikings naviguaient à travers l'Atlantique, s'établissant en Islande, au Groenland, et jusqu'en Amérique. Mais le retour du temps froid d'une petite ère glaciaire, de 1450 à 1850, amena le retour des bancs de glace.

AU JOUR LE JOUR
Les carnets de notes des météorologues amateurs donnent des indications précieuses sur le climat passé. Ils étaient très répandus en France et en Angleterre au XVIIIe siècle. Celui de l'Anglais Thomas Barker, tenu entre 1736 et 1798, donne une vue complète du temps sur plus de soixante ans.

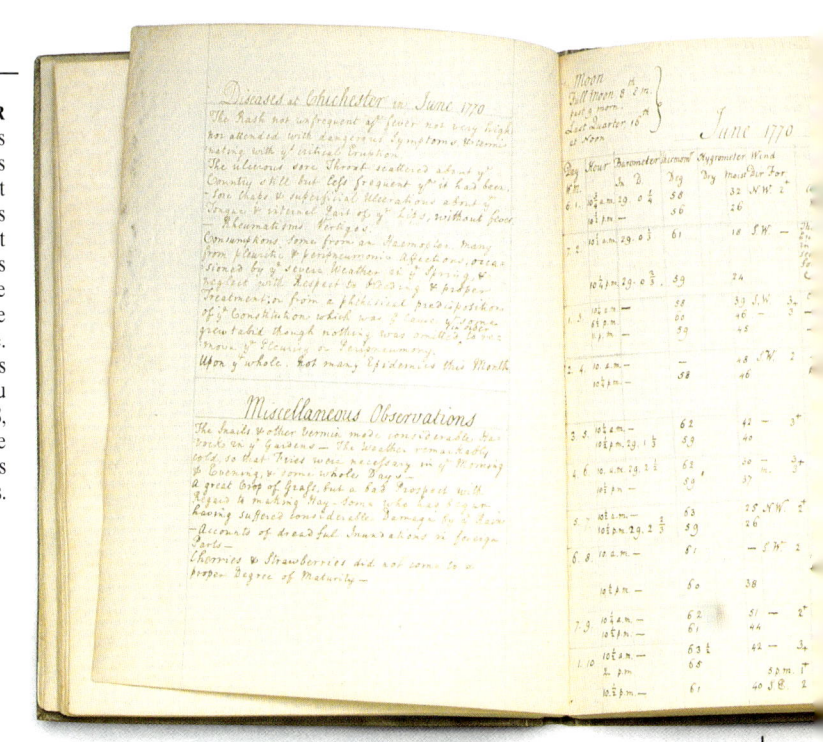

TROU DANS LE CIEL
L'ozone est un gaz bleuté présent en petite quantité dans la haute atmosphère. Il joue un rôle vital en nous protégeant des radiations ultraviolettes du soleil qui peuvent provoquer des cancers de la peau. Depuis quelque temps, un trou apparaît, chaque printemps, dans la couche d'ozone au-dessus de l'Antarctique. Les produits causant la dégradation de la couche d'ozone disparaissent progressivement si bien que sa dégradation devrait cesser d'augmenter.

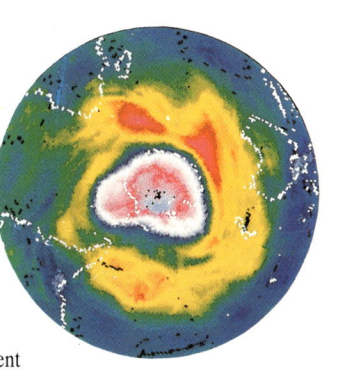

RÉCHAUFFEMENT GLOBAL
Certains météorologues prévoient que la Terre se réchauffera de 1,4 à 5,8 °C d'ici à l'an 2030, à moins que la production des gaz à effet de serre ne soit réduite. Pour d'autres, un réchauffement plus important, de l'ordre de 13 à 15 °C est possible.

LES USINES DU DIABLE
Les activités humaines commencèrent d'affecter l'atmosphère dès le XVIe siècle lorsque l'on se mit à brûler du charbon dans les villes. La situation s'aggrava avec l'apparition de l'industrie lourde au début du XIXe siècle. La fumée de milliers de cheminées d'usines et la suie de millions de poêles à charbon dans les grandes cités ont engendré un grave problème de brouillard.

LE CLIMAT EN CRISE
Les météorologues pensent que la Terre se réchauffe par accroissement de l'effet de serre des gaz de l'atmosphère. En quantité adéquate, ces gaz sont bénéfiques : comme les vitres d'une serre, ils piègent la chaleur et gardent notre planète au chaud. Mais aujourd'hui, leur quantité devient excessive, et si la Terre se réchauffe de quelques degrés, les glaces des pôles fondront, submergeant des villes de basse altitude comme Londres ou Le Havre, et certaines régions s'assècheront et la culture et la vie sauvage y disparaîtront. Principal agent de l'effet de serre, le gaz carbonique provient de la combustion du charbon, du pétrole et du bois, mais le méthane des champs de riz et des dépôts d'ordures ainsi que le gaz des bombes aérosol et des réfrigérateurs y contribuent.

MORT D'UNE FORÊT
Chaque année, une surface de forêt tropicale équivalente à celle de l'Islande est coupée et brûlée pour être transformée en pâtures – surtout dans le bassin de l'Amazonie au Brésil. Les météorologues en ignorent les conséquences sur le climat. La perte des arbres peut entraîner une diminution des pluies et accroître l'effet de serre : ils ont en effet un rôle important dans l'absorption de l'excès de gaz carbonique.

LES ACCUSÉS
Les échappements des voitures et des camions émettent toutes sortes de polluants tels l'oxyde nitreux, le plomb et le gaz carbonique.

UNE STATION MÉTÉOROLOGIQUE À DOMICILE

Les météorologues disposent d'instruments très complexes répartis dans des milliers de stations. Mais l'amateur peut facilement bâtir sa propre station avec des instruments simples dont certains sont faciles à fabriquer. La première règle est d'observer assidûment : les observations seront plus intéressantes et prendront plus de valeur. Les données doivent être relevées exactement aux mêmes heures au moins une fois par jour. Ces enregistrements seront ainsi plus facilement comparés à ceux des professionnels. Les notations les plus importantes sont la quantité de pluie, la vitesse et la direction du vent, la pression atmosphérique et les variations de température. Il est bon d'enregistrer également l'humidité et la température du sol et d'estimer visuellement la couverture nuageuse.

ENREGISTRER LE VENT
Les météorologues installent leurs instruments de mesures du vent sur des mâts ou en haut des immeubles pour que le souffle du vent ne soit pas contrarié par des obstacles.

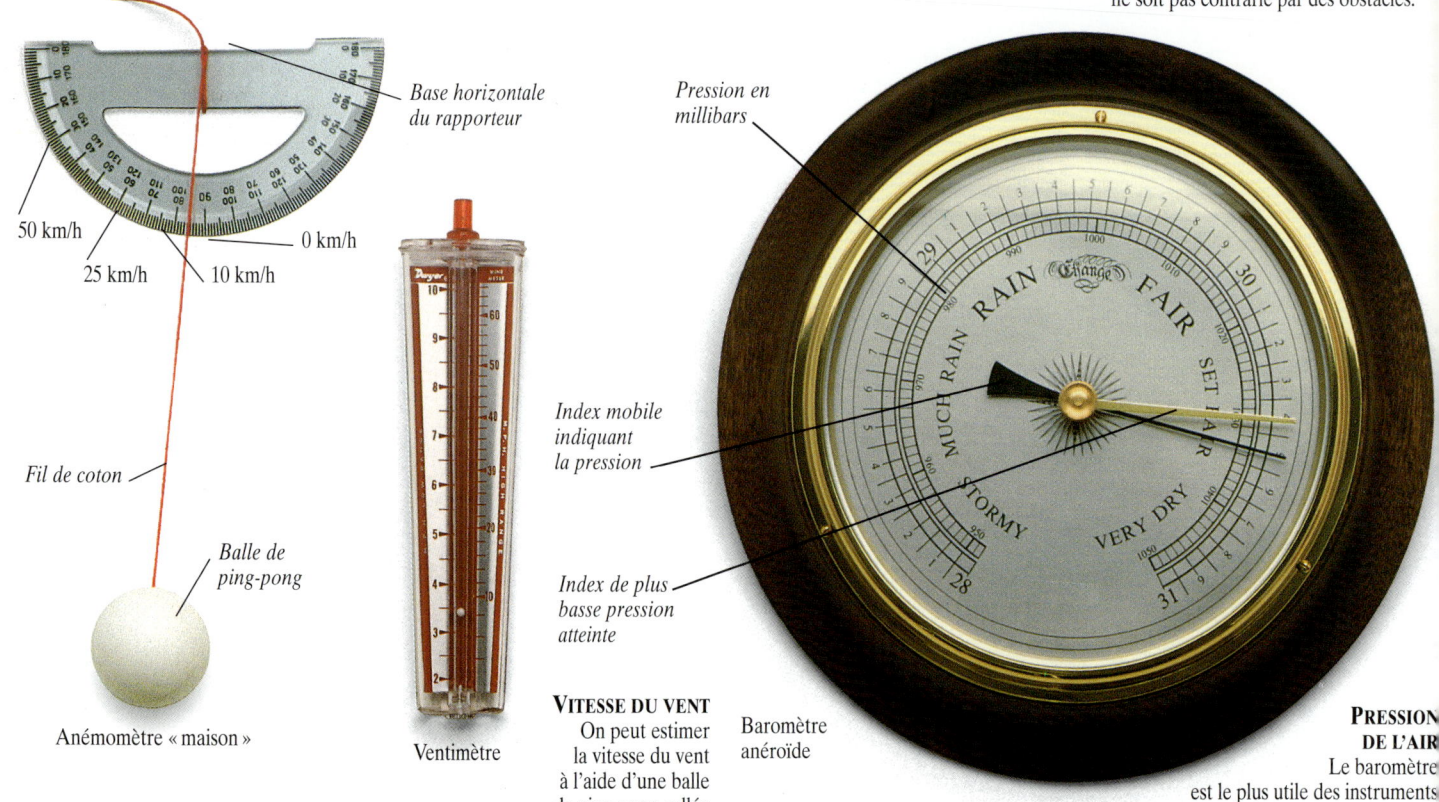

Base horizontale du rapporteur

Pression en millibars

50 km/h
25 km/h   10 km/h
0 km/h

Fil de coton

Balle de ping-pong

Index mobile indiquant la pression

Index de plus basse pression atteinte

VITESSE DU VENT
On peut estimer la vitesse du vent à l'aide d'une balle de ping-pong collée au bout d'un fil de coton, lui-même fixé au centre d'un rapporteur. En mettant le rapporteur parallèle au vent, on lit l'angle lorsque la balle est soufflée par le vent et on remonte ainsi à la vitesse. On peut utiliser aussi un anémomètre en plastique, plus précis mais plus coûteux.

Anémomètre « maison »

Ventimètre

Baromètre anéroïde

PRESSION DE L'AIR
Le baromètre est le plus utile des instruments de météorologie, aussi bien pour des observations instantanées que pour des enregistrements. Il montre clairement la chute de pression amenant les orages et l'élévation de pression annonciatrice de beau temps. Quand un orage approche, il faut faire un relevé toutes les 30 minutes.

Perle assurant la rotation facile de la girouette

Extrémité de la perche

DIRECTION DU VENT
On peut fabriquer une girouette en bois léger (type balsa), peint pour le protéger de la pluie, et la monter sur une perche avec un axe lui permettant de tourner. La pointe de la flèche, plus fine que la queue, indique d'où vient le vent. Une boussole permet de déterminer la direction nord-sud.

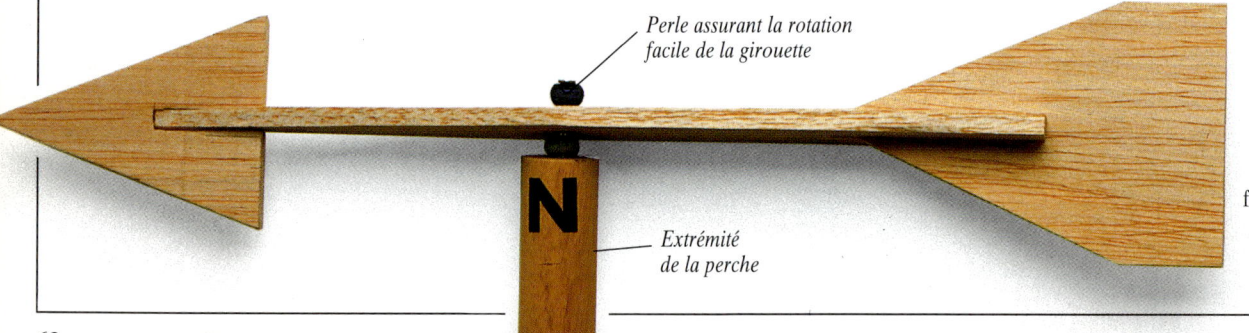

PHOTOGRAPHIER LE TEMPS
Les photographies donnent des
enregistrements visuels précis
des nuages et du ciel. Il est
important de noter la date
et l'heure de la prise de vue,
et de la reporter sur les tirages.

DANS LE SOL
Thermomètres
coudés à angle
droit mesurant
la température
au-dessous de
la surface du sol.
Les plantes ne
survivent que si
le froid ne pénètre
pas trop profond.

MAXIMA ET MINIMA
Un thermomètre à double tube
donne les températures maximales
et minimales entre deux relevés.
On utilise un aimant pour remettre
les index en place après chaque relevé.
Il est important de ne pas placer
le thermomètre directement au soleil.

CHUTES DE PLUIE
Une jauge à pluie en plastique est
tout à fait précise, pourvu qu'elle soit
placée assez haut au-dessus du sol.
Il faut relever chaque jour la quantité
d'eau, puis soit vider le cylindre,
soit soustraire de la nouvelle
quantité la quantité précédente.

Jauge à pluie

UMIDITÉ
et hygromètre est constitué de deux thermomètres
. 23) : la boule de l'un est maintenue humide par
e l'eau distillée et l'autre reste sèche. La différence
e température entre les deux thermomètres
donne le taux d'humidité grâce
à une échelle étalonnée
par le fabricant.

CROQUER LE TEMPS
Dessiner les nuages est
une façon d'apprendre
à les connaître
et à comprendre
comment
ils se forment.

ÉCRAN SOLAIRE
Les instruments
sont maintenus
à l'intérieur
d'abris ventilés,
ce qui les protège
de la lumière directe
du soleil qui fausse
les mesures.

Cylindre
de mesure

AR TOUS LES TEMPS
es données doivent être
levées au même moment
haque jour, qu'il pleuve
u qu'il vente.

SAISIES DE DONNÉES
L'enregistrement daté de toutes
les observations sera reporté sur
un calepin divisé en colonnes
appropriées plutôt que
sur des feuilles volantes.

LE SAVIEZ-VOUS ?

DES INFORMATIONS PASSIONNANTES

⚡ 12 % de la surface terrestre est recouverte en permanence par la neige et la glace, ce qui représente une aire totale de 21 millions de kilomètres carrés environ. 80 % de toutes les eaux douces du monde sont immobilisées sous forme de neige et de glace, essentiellement aux pôles Nord et Sud.

Cascade gelée dans la chaîne du Zanskar, dans l'Himalaya, en Inde

⚡ Par les hivers très froids, même les plus grandes cascades, comme les chutes du Niagara, en Amérique du Nord, peuvent geler. La glace constituant la cataracte gelée augmente de volume à mesure qu'elle capture l'eau qui gèle en tombant dessus.

⚡ L'atmosphère contient 2,4 billions (2,4 × 10^{12}) de kilomètres cubes d'air et près de 15 470 trillions (15 470 × 10^{18}) de litres d'eau. À cause de la gravité terrestre, 80 % de l'air et la presque totalité de l'eau sont concentrés dans la troposphère, couche de l'atmosphère la plus proche de la surface de la Terre.

⚡ Les bains de soleil peuvent être dangereux lorsqu'il y a des nuages dans le ciel. En effet, les nuages, en réverbérant la lumière solaire, augmentent de façon significative la quantité de rayons ultraviolets dangereux, susceptibles de provoquer des cancers de la peau.

⚡ Un temps très chaud peut tuer. S'il fait trop chaud et/ou humide pour permettre à la sueur de s'évaporer normalement et, ainsi, refroidir l'organisme, on peut attraper un coup de chaleur qui peut conduire à l'évanouissement, au coma, voire à la mort.

⚡ Le plus grand désert du monde est l'Antarctique. Il ne reçoit en effet que 127 mm de précipitations (neige ou pluie) par an, c'est-à-dire un peu moins que le désert du Sahara.

⚡ La neige peut parfois tomber en hiver dans les déserts froids, comme celui de Great Basin, aux États-Unis, et celui de Gobi, en Asie.

⚡ En 1939, des centaines de grenouilles, dont beaucoup étaient encore en vie, tombèrent du ciel au cours d'une tempête en Angleterre. Elles avaient probablement été aspirées des étangs et des rivières par de petites tornades, et retombèrent ensuite sur le sol avec la pluie.

Les grenouilles peuvent parfois tomber du ciel !

⚡ 500 millions de litres d'eau peuvent se déverser en pluie au cours d'un seul orage.

⚡ La durée de vie moyenne d'un nuage est de dix minutes.

Nuage lenticulaire

⚡ Beaucoup de signalements d'ovnis se sont révélés être des observations de nuages lenticulaires (en forme de lentille). Les ondes dues au vent qui souffle au sommet des montagnes créent parfois de ces nuages aux formes lisses de soucoupes volantes qui stagnent, immobiles, pendant des heures.

⚡ Le plus gros grêlon connu au monde est tombé à Coffeyville, aux États-Unis, en 1970. Il pesait 770 g. On dit toutefois qu'un plus gros encore serait tombé au Bangladesh en 1986.

⚡ Dans le monde entier, des arbres sont détruits par les pluies acides. Celles-ci se forment par réaction des polluants d'origine industrielle et automobile avec la vapeur d'eau des nuages sous l'effet de la lumière solaire, produisant de l'acide sulfurique et de l'acide nitrique. Ces pluies contaminent les réserves d'eau et endommagent forêts et récoltes.

Conifères détruits par des pluies acides

QUESTIONS / RÉPONSES

Pourquoi le temps change-t-il sans cesse ?

La chaleur du soleil réchauffe la basse atmosphère de façon irrégulière. En créant des masses d'air chaudes et d'autres plus froides, elle provoque des variations dans l'évaporation des eaux qui produit les nuages, et des vents qui déplacent les nuages. Tout cela entraîne des variations constantes du temps autour de la Terre tout au long de l'année.

Qu'est-ce qui fait souffler le vent ?

Le vent apparaît là où se produit une différence de température créant une différence de pression entre deux masses d'air. L'air se déplace toujours de la zone de haute pression vers celle de pression plus basse.

Pourquoi voit-on parfois des anneaux colorés autour du soleil ?

Ces anneaux de couleurs diluées forment un halo solaire. Ils apparaissent lorsque le soleil est masqué par une fine couche nuageuse. Les gouttelettes d'eau au cœur du nuage réfractent la lumière, provoquant un effet d'irisation.

Les halos lunaires sont-ils de même nature ?

Oui, les disques qui se forment la nuit autour de la Lune ont les mêmes causes que les halos solaires.

Couronne solaire

Hoodos (piliers rocheux) du désert de l'Utah, aux États-Unis

Comment le temps a-t-il pu modeler, dans les déserts, des roches aux formes si étranges ?

Au cours du temps, les roches des déserts sont usées par l'érosion. L'eau et les changements de température brisent peu à peu et effritent les roches. Les grains de sable emportés par le vent agissent comme un abrasif. Ils usent les roches plus tendres, laissant parfois des formes étranges comme des piliers et des arches.

Pourquoi certains déserts sont-ils brûlants dans la journée et glacials la nuit ?

Au-dessus des déserts chauds, le ciel est clair, sans nuages. La terre devient brûlante dans la journée parce qu'aucun nuage ne la protège des rayons solaires, et froide la nuit parce qu'il n'y a rien pour retenir la chaleur qui repart vers l'atmosphère.

Qu'est-ce qu'un mirage ?

Un mirage est une illusion optique qui apparaît dans l'air très chaud. L'air au contact du sol est beaucoup plus chaud que la couche se trouvant au-dessus, provoquant une déviation des rayons lumineux lorsqu'ils passent d'une couche à l'autre. Cela crée une réflexion tremblante qui évoque de l'eau. Le phénomène est commun dans les déserts.

Un mirage dans un désert

Quelle taille les plus gros nuages peuvent-ils atteindre ?

Les plus gros sont les cumulonimbus, ces énormes nuages de pluie sombres qui se forment avant l'orage. Il peuvent atteindre près de 10 km de haut et contenir jusqu'à un demi-million de tonnes d'eau.

Quelle est la différence entre un cyclone, un ouragan et un typhon ?

Ce sont tous des cyclones tropicaux. On les appelle cyclones dans l'océan Indien et le Pacifique Ouest, typhons dans le reste du Pacifique, et ouragans dans les Caraïbes.

Quelle est la puissance moyenne d'un orage ?

Un orage moyen couvrant une surface de 1 km de diamètre renferme à peu près la même quantité d'énergie que dix bombes atomiques.

Quelles sont les meilleures conditions pour observer un arc-en-ciel ?

Les plus beaux arcs-en-ciel apparaissent souvent le matin ou en fin d'après-midi lorsque le soleil est assez bas et que la pluie tombe à l'horizon opposé. Lorsque l'on regarde la pluie en tournant le dos au soleil, on voit apparaître les irisations. Plus le soleil est bas dans le ciel, plus l'arc sera grand.

QUELQUES RECORDS EN LA MATIÈRE

❄ **L'ENDROIT LE PLUS FROID DU MONDE**
La température la plus basse jamais enregistrée sur Terre a été relevée à la station de Vostock, dans l'Antarctique, le 21 juillet 1983. Elle était de – 89,2 °C.

❄ **L'ENDROIT LE PLUS CHAUD DU MONDE**
À Al'Aziziyah, en Libye, la température a atteint le record de 58 °C le 13 septembre 1922.

❄ **L'ENDROIT LE PLUS SEC DU MONDE**
Arica, dans le désert d'Atacama, au Chili, est l'endroit le plus sec du monde. Depuis 59 ans, il reçoit moins de 0,75 mm de pluie par an.

❄ **L'ENDROIT LE PLUS HUMIDE DU MONDE**
Lloro, en Colombie, est l'endroit le plus pluvieux du monde. Depuis 29 ans, il reçoit en moyenne 1 330 cm de précipitations annuelles.

❄ **LES VENTS LES PLUS FORTS**
Les vents les plus rapides se rencontrent dans la colonne des tornades. Ils tournent à des vitesses qui peuvent atteindre 480 km/h.

LES TRAVAILLEURS DU TEMPS

Ces dernières années, les scientifiques n'ont cessé de s'inquiéter de l'impact des activités humaines sur le climat. Les météorologues mènent des recherches constantes, parfois dans des conditions dangereuses, pour rendre plus fiables leurs prévisions à long terme. Parallèlement, afin de réduire les émissions de gaz polluants, d'autres tentent de capter la force des éléments afin de proposer pour l'avenir des sources d'énergie alternatives, moins polluantes.

L'ÉNERGIE DES MARÉES

L'énergie des marées peut être captée en construisant des barrages à travers certains estuaires. Sous l'effet du flux et du reflux, qui interviennent deux fois par jour, l'eau passe à travers des turbines qui génèrent de l'électricité ; un moyen propre et sans cesse renouvelable de produire une énergie elle-même sans retombées nocives. La plus grande usine marémotrice du monde est installée en France sur l'estuaire de la Rance (ci-dessus). Elle fournit de l'électricité à 25 000 logements.

Le nez de l'appareil embarque des instruments de mesure.

L'équipage du WC-130 est normalement composé de six personnes.

Le WC-130 de l'US Air Force

LES « CHASSEURS DE CYCLONES »

Aux États-Unis, un escadron de l'US Air Force, appelé les « Chasseurs de cyclones » a pour mission de surveiller ces perturbations qui naissent au-dessus des océans et de tenter de prévoir où et quand elles toucheront la terre. Les avions, spécialement adaptés, s'envolent et plongent au cœur de la tourmente en décrivant un itinéraire en forme de X, traversant l'œil du cyclone toutes les deux heures et transmettant par satellite au centre national de surveillance des cyclones les informations recueillies. L'équipage peut ainsi détecter des modifications dangereuses d'intensité et de déplacement des cyclones, difficiles à prévoir au moyen des seuls satellites.

LE « CHEMIN DES TORNADES »

De tous les pays du monde, c'est aux États-Unis que les tornades sont les plus fréquentes. Elles frappent régulièrement dans un secteur centré sur les grandes plaines du Middle West, situé entre les États du Sud-Dakota et du Texas. Les Américains appellent ce secteur *Tornado Alley* : le « chemin des tornades ».

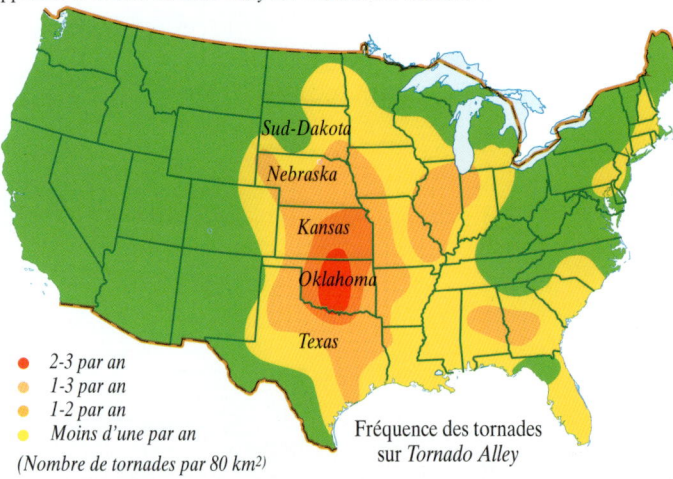

- 2-3 par an
- 1-3 par an
- 1-2 par an
- Moins d'une par an

(Nombre de tornades par 80 km²)

Fréquence des tornades sur *Tornado Alley*

DES SITES INTERNET SUR LA MÉTÉO

- Le site de Météo France, avec les prévisions météo sur la France, par régions et par départements et bien d'autres choses encore : www.meteo.fr
- Le site privé d'un amateur canadien (météo générale, tornades, ouragans, etc.), très bien réalisé, avec des liens sur des webcams de surveillance de tornades aux États-Unis et des contacts avec d'autres passionnés de météo amateurs et professionnels : www.natureinsolite.com/

Tornade sur les grandes plaines américaines, photographiée par un chasseur de tornades

LES CHASSEURS DE TORNADES

Certains scientifiques risquent leur vie en allant étudier de très près les tornades. Ceux-ci mènent leurs recherches en utilisant des radars à effet Doppler qui leur permettent d'étudier l'intérieur des nuages d'orages et de voir s'ils sont susceptibles d'évoluer en tornades. Leurs recherches aident les prévisionnistes à lancer les bulletins d'alerte

DANS LES GRANDS FROIDS
Des météorologues et d'autres scientifiques basés dans diverses stations de l'Antarctique mènent des recherches très poussées sur les changements du climat. Ils surveillent également l'évolution du trou dans la couche d'ozone centré au-dessus du pôle Sud afin d'étudier comment la pollution et nos efforts pour la réduire affectent l'atmosphère.

Chercheur larguant un ballon-sonde dans l'atmosphère

Un météorologue manipule une station météo automatique.

TOUTE L'ÉNERGIE DU SOLEIL
Le Soleil est, potentiellement, la plus puissante source d'énergie renouvelable existante. Il est possible de capter cette énergie au moyen de milliers de grands miroirs qui collectent et concentrent les rayons lumineux. La centrale de Luz, dans le désert Mojave, en Californie (États-Unis), est la plus grande centrale solaire du monde ; 50 000 grands miroirs renvoient la chaleur vers des canalisations remplies d'huile. L'huile chaude chauffe à son tour de l'eau, laquelle produit la vapeur qui fait tourner les turbines électriques.

PÔLE DE RECHERCHE
En Antarctique, les météorologues mènent des recherches pour améliorer les prévisions du temps à court terme et prévoir à plus long terme des changements climatiques. Les glaciologues étudient la calotte glaciaire dans le but de recueillir des informations de première importance sur les modifications climatiques passées et sur les effets du réchauffement global. Les océanographes, géologues et biologistes étudient les variations des conditions dans les mers glacées qui entourent l'Antarctique et leurs effets sur la vie animale et végétale.

Chacun de ces miroirs est commandé par ordinateur afin de suivre le Soleil dans sa course céleste quotidienne.

DU VENT DANS LES PALES
Dans les stations comme celle-ci, près de Palm Springs, en Californie, c'est l'énergie du vent qui, en entraînant les pales des éoliennes, est transformée en électricité. De telles installations ne fonctionnent que dans les endroits très exposés. Les éoliennes doivent être suffisamment distantes les unes des autres pour ne pas perturber le rendement de leurs voisines et il en faut environ 3 000 pour produire autant d'énergie qu'une centrale au charbon.

POUR EN SAVOIR PLUS

- Un site des Antilles françaises sur les cyclones : www.tibleu.com ou perso.wanadoo.fr/ti.bleu/html/index2.htm, avec notamment une page sur les chasseurs de cyclones : perso.wanadoo.fr/ti.bleu/hommes/hur_hunt.htm

- Toujours sur les cyclones aux Antilles, un site du Bureau de recherches géologiques et minières (BRGM) : www.brgm.fr/risques/antilles/mart/cyclo.htm

- Il existe de nombreux sites français sur l'Antarctique et les études qui y sont menées. On peut effectuer une recherche sur un moteur de recherche comme www.altavista.fr, sur les termes « expéditions polaires françaises », par exemple.

- La même remarque s'applique aux énergies alternatives. Effectuer la recherche sur les termes « énergies renouvelables ».

LES CATASTROPHES NATURELLES

Les phénomènes climatiques peuvent parfois atteindre une violence extrême et provoquer d'énormes dégâts et de fortes pertes en vies humaines. Chaque année, des inondations dévastatrices, des tempêtes, des blizzards, des sécheresses prolongées, etc., se produisent dans diverses parties du monde, relançant les inquiétudes à propos du réchauffement de la planète et de ses conséquences possibles sur le climat.

TEMPÊTES ET INONDATIONS

LE POUVOIR DESTRUCTEUR DE L'EAU

Les inondations sont, de tous les phénomènes naturels, ceux qui provoquent le plus de dégâts. Elles transforment en étendues d'eau d'immenses surfaces de terre, détruisant les récoltes et faisant, parmi les populations locales, des milliers de sans-abri. Ainsi, en février 2000, les fortes pluies qui s'abattirent sur le sud de l'Afrique provoquèrent les pires inondations que l'on ait vues depuis 50 ans au Mozambique. Plus d'un million de personnes durent quitter leur logement. Et avant même que les eaux ne se soient retirées, un cyclone frappa le pays, aggravant encore la situation.

Inondations à Fenton, dans le Missouri, aux États-Unis

Victimes d'une inondation attendant d'être hélitreuillées, à Chokwe, au Mozambique

TOURMENTES CYCLONIQUES

Les cyclones sont les tempêtes les plus destructrices qui se produisent sur Terre. En août 1992, celui qui fut dénommé Andrew frappa les Bahamas ainsi que la Floride et la Louisiane, aux États-Unis. C'était le second cyclone de catégorie 5 à toucher les terres en quatre ans, apportant des vents redoutables, des pluies torrentielles et d'énormes surcotes de tempête (montées des eaux marines sous l'effet de la chute de pression atmosphérique au cœur du cyclone). Andrew tua 65 personnes, détruisit deux villes entières et 25 000 logements.

Dégâts provoqués par le cyclone Andrew

LES *THIRTIES* DANS LE *DUST BOWL*

Durant les années 1930, le Middle West américain connut cinq années sans pluie. L'herbe qui protège les champs ayant été retournée par les labours, la couche arable se transforma en poussière qui fut emportée par des vents chauds, provoquant des tempêtes de poussière suffocantes. Des milliers d'hectares fertiles furent transformés en désert surnommé le *Dust Bowl* (le « bol de poussière »). Des milliers d'exploitants durent quitter leurs fermes. Près de 5 000 personnes moururent de problèmes respiratoires et de coups de chaleur.

INCENDIES, AVALANCHES ET GLISSEMENTS DE TERRAIN

LES VOLCANS ET LE CLIMAT
Les éruptions volcaniques majeures peuvent affecter le climat mondial. Ainsi, lorsque le mont Saint Helens, aux États-Unis, entra en éruption au printemps 1980, il souffla des cendres qui furent transportées tout autour de la planète par les vents d'altitude, assombrissant légèrement le ciel, provoquant d'étonnants couchers de soleil et une brève chute des températures. De même, l'éruption du Pinatubo, en 1991, provoqua une baisse mondiale des températures de 0,5 °C.

L'éruption du mont Saint Helens, aux États-Unis

QUAND LE FEU FAIT RAGE
Des incendies de forêts s'allument souvent naturellement lorsque la foudre tombe sur une végétation desséchée par un temps chaud et sec. Ainsi, l'Australie connaît environ 15 000 feux de brousse par an. Mais le 16 février 1983, une vague de chaleur déclencha plusieurs centaines de départs de feux simultanés en différents endroits. Poussés par des vents forts, les incendies s'étendirent à une vitesse terrifiante, encerclant une ville, tuant 70 personnes et endommageant des milliers d'hectares de terre.

REDOUTABLES AVALANCHES
Lorsqu'une épaisse couche de neige s'amasse sur une pente abrupte, la moindre vibration peut déclencher une avalanche. Durant l'hiver 1999, les Alpes connurent une période de temps doux suivie par des chutes de neige records et des vents puissants. En Autriche, un bloc de neige de 170 000 tonnes se détacha d'un flanc de montagne et vint s'écraser dans la vallée sur le village de Galtür, tuant plus de 30 personnes.

Avalanche au mont McKinley, en Alaska

Sauveteurs sondant la neige à l'aide de perches à la recherche de victimes, lors de l'avalanche de Galtür, en Autriche

Coulées de boue à La Guaira, au Venezuela

COULÉES MORTELLES
Tous les deux à sept ans, l'affaiblissement ou l'inversion des vents alizés dans l'océan Pacifique provoque l'apparition d'El Niño, un mouvement d'eaux chaudes de surface vers les côtes ouest de l'Amérique du Sud, qui s'accompagne de perturbations climatiques majeures : tempêtes violentes, pluies diluviennes dans certaines régions, sécheresse dans d'autres. Ainsi, en décembre 1999, au Venezuela, 10 000 personnes trouvèrent la mort dans des inondations et d'énormes coulées de boue consécutives à l'apparition d'El Niño. Les pluies torrentielles avaient détrempé les coteaux montagneux, provoquant les coulées qui détruisirent sur leur passage bâtiments, routes et végétation.

Glossaire

Anémomètre Appareil servant à mesurer la vitesse du vent.

Anticyclone Masse d'air dont la pression atmosphérique est plus élevée que celle des masses qui l'entourent.

Ascendance ou pompe thermique Courant d'air chaud montant par convection.

Atmosphère Couche gazeuse entourant la Terre, s'élevant à environ 1 000 km d'altitude. Sa partie la plus basse est le siège des phénomènes climatiques.

Aurore Voiles de lumière colorée apparaissant aux abords des pôles dans le ciel nocturne lorsque des particules du vent solaire atteignent la Terre en grand nombre et se font piéger dans son champ magnétique. Au nord, on les appelle aurores boréales, au sud, aurores australes.

Barographe Appareil enregistrant en continu les variations de pression atmosphérique sous la forme d'un tracé sur un cylindre de papier en rotation.

Baromètre Appareil permettant de mesurer la pression atmosphérique. Le type le plus précis est le baromètre à mercure, qui transcrit une valeur de pression donnée sous la forme d'une hauteur de mercure renfermé dans un tube sous vide d'air.

Blizzard Tempête de neige accompagnée de vents violents et très froids, soufflant au moins à 56 km/h, et réduisant la visibilité à moins de 400 m.

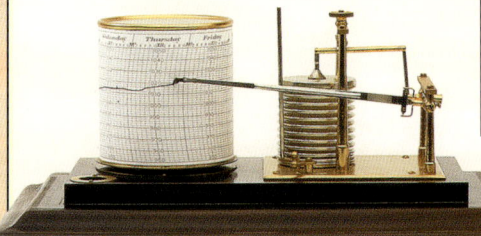

Barographe

Brouillard Vapeur d'eau atmosphérique, condensée en minuscules gouttelettes près du sol et réduisant la visibilité à moins de 1 000 m.

Bruine Pluie légère composée de gouttes de moins de 0,5 mm de diamètre.

Carte synoptique Carte regroupant des informations détaillées sur les conditions météorologiques régnant, à un moment donné, sur une vaste région de la Terre.

Cirrus Nuage fibreux se formant en haute altitude, où l'air est très froid.

Climat Terme s'appliquant à l'ensemble des conditions météorologiques moyennes en un lieu ou une région donnée, établies d'après des observations remontant loin dans le temps.

Condensation Passage d'un corps de l'état gazeux à l'état liquide, par exemple lorsque de la vapeur d'eau se transforme en gouttelettes au contact d'une surface froide.

Convection Mouvement naturel vers le haut d'une masse chaude d'un fluide (air, eau, etc.) par rapport à une masse plus froide. C'est le phénomène par lequel l'air chaud monte.

Couche d'ozone Mince couche de l'atmosphère formée d'un gaz dont la molécule est composée de trois atomes d'oxygène (O_3). Elle arrête les rayonnements ultraviolets dangereux de la lumière solaire avant qu'ils n'atteignent la Terre.

Coup de vent Vent très fort soufflant à des vitesses comprises entre 50 et 100 km/h.

Cumulonimbus Type de nuage se formant à l'approche de l'orage, produisant de fortes pluies, des éclairs et, dans certains cas, des tornades. Il est plus gros et plus sombre que le cumulus.

Anémomètre

Cumulus Gros nuage blanc moutonneux à base plane et sommet arrondi, souvent visible dans le ciel bleu par beau temps. Les cumulus s'assemblent souvent en masses.

Cyclone À l'origine, masse d'air dont la pression est plus basse que celle des masses qui l'entourent, dans laquelle l'air s'engouffre en suivant un mouvement tourbillonnant ascendant. Par extension, on a donné ce nom aux tempêtes tropicales de très forte intensité survenant dans l'océan Indien et le Pacifique Ouest.

Dépression Système climatique s'échafaudant autour d'un centre de basses pressions. Elle peut donner naissance à un cyclone.

Dorsale barométrique Bande de hautes pressions atmosphériques.

Éclair Décharge d'électricité statique se manifestant par l'émission très brève d'une raie de très forte intensité lumineuse, entre un nuage et le sol, entre plusieurs nuages ou au cœur d'un même nuage, lors d'un orage.

Effet de serre Réchauffement de la surface de la Terre dû à l'augmentation de la teneur de l'atmosphère en gaz tel que les oxydes de carbone, issus de la pollution humaine. Ceux-ci réduisent la quantité de radiations solaires qui repartent vers l'espace après avoir touché la Terre, de la même façon que les parois en verre d'une serre, élevant la température globale.

Fœhn Effet lié à la présence de montagnes qui, ayant forcé les courants d'air frais et humides à monter et à se décharger de leur eau sur les sommets, laissent passer sur l'autre versant un air beaucoup plus chaud et plus sec. À grande échelle, ces conditions asséchantes déterminent des déserts d'abri comme on en rencontre dans l'Ouest américain et en Asie centrale, par exemple.

Force de Coriolis Force liée à la rotation de la Terre provoquant la courbure des trajectoires des courants aériens et marins, vers la droite dans l'hémisphère Nord, et vers la gauche dans l'hémisphère Sud.

Front Ligne de partage entre deux masses d'air dont les caractéristiques de base sont différentes.

Front chaud Ligne marquant la limite en surface entre une masse d'air chaud et une masse d'air froid, l'air chaud se déplaçant en direction de l'air froid et glissant au-dessus de celui-ci.

Front occlus ou occlusion Lorsqu'un front froid rattrape un front chaud, l'air chaud intermédiaire est rejeté en altitude, créant un front occlus.

Front froid Ligne marquant la limite en surface entre une masse d'air chaud et une masse d'air froid, l'air froid se déplaçant en direction de l'air chaud et pénétrant brutalement sous celui-ci.

Fel Fine couche de cristaux de glace se déposant lorsque la vapeur d'eau contenue dans l'air gèle au contact de surfaces dont la température est inférieure à 0 °C.

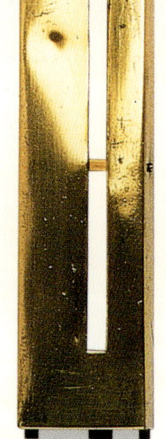

Hygromètre

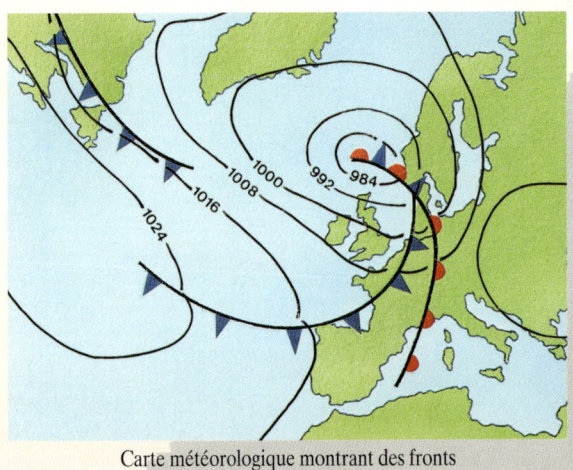

Carte météorologique montrant des fronts et des courbes isobares

70

Nuages de jet stream

GRÊLE Glace tombant des nuages sous forme de masses arrondies de taille variable.

HECTOPASCAL Unité de mesure employée par les météorologues pour exprimer la pression atmosphérique. On utilisait jadis le millibar.

HÉLIOGRAPHE Appareil servant à enregistrer le nombre d'heures d'ensoleillement dans la journée.

HÉMISPHÈRE Nom donné à chacune des deux moitiés de la sphère terrestre de part et d'autre de l'équateur (hémisphères Nord et Sud).

HYGROMÈTRE Appareil servant à mesurer le taux d'humidité de l'atmosphère.

ISOBARE Sur une carte météorologique, ligne courbe reliant tous les points d'égale pression atmosphérique.

JET STREAM Courant de vents très forts dans la haute atmosphère, dont la vitesse peut dépasser les 320 km/h.

MASSE D'AIR Important volume d'air couvrant une grande partie d'un continent ou d'un océan, au sein duquel la température, la pression au niveau de la mer et l'humidité sont relativement constantes.

MÉTÉOROLOGIE Étude scientifique du temps.

MOUSSON En Inde et dans le Sud-est asiatique, renversement saisonnier de la direction des vents provoquant, après la saison sèche, l'arrivée de la saison des pluies.

NEIGE Cristaux de glace qui se forment dans les nuages par temps froid et qui s'assemblent pour retomber en flocons.

NUAGE Masse de vapeur d'eau ou de particules de glace en suspension dans l'air. On distingue dix types de nuages, regroupés sous les trois formes de base : les cumulus, les stratus et les cirrus.

ORAGE Pluie violente accompagnée de vents forts, d'éclairs et de tonnerre.

OURAGAN Cyclone tropical se produisant dans les Caraïbes et dans l'Atlantique Nord, avec des vents de plus de 120 km/h tourbillonnant autour d'un centre de très basses pressions.

RADIOSONDE Appareil embarquant un ensemble d'instruments de mesure que l'on envoie dans la haute atmosphère fixé à un ballon sonde et qui transmet par radio ses relevés à une station réceptrice au sol.

PLUVIOMÈTRE Instrument en forme de réceptacle qui collecte l'eau de pluie afin de mesurer la quantité des précipitations.

POINT DE ROSÉE Température à laquelle la vapeur d'eau contenue dans l'air se condense.

PRÉCIPITATION Nom donné à toutes les formes que peut prendre l'eau atmosphérique qui se dépose sur Terre : pluie, neige, rosée, brouillard.

PRESSION ATMOSPHÉRIQUE Force résultant du poids de l'air sur tout objet qu'il contient. La pression atmosphérique varie, entre autres paramètres, avec l'altitude.

RAFALE Augmentation brutale et temporaire de la vitesse du vent.

RAYONNEMENT Procédé par lequel l'énergie voyage à travers l'espace sous la forme d'ondes électromagnétiques, se traduisant, entre autres, sous les formes de lumière et de chaleur.

RÉCHAUFFEMENT GLOBAL Augmentation à long terme de la température atmosphérique touchant l'ensemble de la Terre, probablement due à l'effet de serre.

ROSÉE Humidité contenue à l'origine dans l'air sous forme de vapeur d'eau, qui s'est condensée sur des objets situés au niveau de la surface terrestre ou à proximité.

SMOG À l'origine mélange de brouillard et de fumée, ce terme est surtout employé aujourd'hui pour décrire le halo atmosphérique qui se forme dans un air pollué sous un soleil intense.

STRATOSPHÈRE Couche de l'atmosphère terrestre située au-dessus de la troposphère.

STRATUS Type de nuage gris, très étendu et de basse altitude, qui se présente en couches.

TALWEG Bande de basses pressions atmosphériques.

TEMPÊTE Vent puissant dont la force est située entre le coup de vent et l'ouragan, atteignant des vitesses de 100 à 120 km/h, capable de déraciner des arbres et de retourner des voitures.

Héliographe

THERMOSPHÈRE Couche supérieure de l'atmosphère, située au-dessus de 90 km d'altitude environ.

TONNERRE Bruit provoqué par l'onde de choc due à la subite expansion de l'air échauffé par un éclair au cours d'un orage.

TORNADE Étroite spirale mouvante d'air ascendant, tournoyant à très grande vitesse autour d'une zone de très basse pression atmosphérique. La vitesse du vent au sein d'une tornade peut dépasser 320 km/h.

TROMBE Colonne d'air formant une spirale en rotation rapide, se formant au-dessus d'eaux chaudes et généralement peu profondes ou lorsqu'une tornade passe au-dessus de l'eau. Dans les deux cas, l'eau est aspirée dans l'air ascendant.

TROPOSPHÈRE Couche la plus basse de l'atmosphère terrestre, où se produisent la plupart des phénomènes climatiques.

TYPHON Cyclone tropical se produisant au-dessus de l'océan Pacifique.

VENT DOMINANT Principale direction d'où vient le vent en un lieu donné.

Tornade

INDEX

A
Advection, voir *Brouillard*
Afrique 6, 38
Air, composition 6-7
Alberti, Leon Battista 43
Alizé 6, 42
Altocumulus 27, 28
Altostratus 27, 28, 32-33, 51, 59
Amérique
  du Nord 7, 33, 42, 54, 60
  du Sud 7, 48
Andronicos 42
Anémomètre 12, 62
  à bras oscillant 43
Antarctique 16, 20, 61
Anticyclone 14
Arc-en-ciel 51, 58-59
Arctique 16, 20, 56
Asie 39
Atmosphère 6, 10, 16, 17, 22, 42, 49, 58
  réchauffement 60-61
Aurore polaire 58
Australie 7, 38, 44, 49, 54-55
Avalanche 41
Avion 12-13, 44
Azote 6

B
Balise 12
Ballons 6, 12-13, 14, 24, 50
Barker, Thomas 61
Barographe 14
Baromètre 10-11, 12, 14, 22, 33, 38, 52-53, 62
Bateaux 14, 34
Beaufort, échelle de 43
Bentley, W.A. 40
Blizzard 41
Blunt, Charles 27
Borda, Jean de 14
Brésil 61
Brise 42-43, 49, 56-57
Brouillard
  d'advection 48-49, 56
  et brume 20, 23, 28, 30, 48-49, 52, 56, 59, 61
  de rayonnement 48-49
Brume de chaleur 22

C
Cadran solaire 16
Canada 56
Carte synoptique 14-15
Cellules
  d'air chaud 7, 26
  de convection 24
Chaleur solaire 16-17
Chinook 42, 54
Ciel pommelé 29
Cirro-cumulus 28-29
Cirro-stratus 27, 28-29, 32, 51, 59
Cirrus 19, 28-29, 32, 50
Climat 16, 55, 60-61

Condensation 22, 24, 48, 49
Convection, voir *Cellules*
Coriolis, force de 7, 35, 42
Couleurs du ciel 58-59
Courant ascendant 26, 30, 35, 36, 46-47, 50
Coxwell, Robert 6
Crachin 30
Cumulo-nimbus 28-29, 30, 34, 39, 50-51, 59
Cumulus 14, 19, 24-29, 50-51
Cyclone 15, 38, 44-45

DE
Dallol (Éthiopie) 18
Déluge 38, 50
Dépression 7, 15, 32-33, 35, 45, 56
Dieux solaires 18
Éclairs 36-37, 51
Écosse 12
Effet de serre 17, 61
Électricité statique 36
Ère glaciaire 60
États-Unis 8, 13, 21, 37, 38, 40, 45, 46, 48-49, 52, 56
Éthiopie 18
Europe 6, 11, 53, 60

F
Ferdinand II de Medicis 10-11
Feux de Saint-Elme 59
Flocons 40
Florence 10
Fortes pluies 24, 30, 36
Fossile 60
Foudre 36-37
France 12, 42
Franklin, Benjamin 36
Front 14, 27, 32-33, 40, 50, 54, 56-57
  chaud 32, 34
  froid 30, 32, 34, 36, 50, 56-57
  occlus 14

G
Galilée 10
Gaz carbonique 6, 61
Gelée 20-21
Girouette 12, 42-43, 62
Givre 20
Glaisher, James 6
Gnomon 16
Gouttes d'eau 30
Grande-Bretagne 48
Grêle 14
  canon anti-grêle 37
Grêlons 36, 37

H
Halo 59
Héliographe 18
Hémisphère
  Nord 17
  Sud 17
Henry, Joseph 13
Himalaya 39
Howard, Luke 28

Humidité 10, 13, 14-15, 22-23, 62-63
  relative 22
Hygromètre 10-12, 22-23, 63

IJ
Iceberg 20
Infrarouge 13
Inondations 31, 38
Interglaciaire 60
Inversion de température 49
Isobare 15
Japon 45
Jauge de pluie 30, 63

LM
Lavoisier, Antoine 6
Ligne de neige 52
Lune 10, 17, 58
Manche à air 43
Masse d'air 33
Mésocyclone 46
Mésopause 7
Mésosphère 7
Mesure des températures 62
Météorologie, origine 10
Mirage 51
Mistral 42
Montgolfier, de 24
Morse, Samuel 13
Moulin à vent 43
Mousson 31, 38-39

NO
Neige 7, 14, 32-33, 40-41, 52
Nimbo-stratus 28, 30, 32-33, 34
Nimbus 29
Nuage
  classification 28-29
  formation 24-25
  lenticulaire 26-27, 28, 55
  d'orage 24, 28, 36, 46, 50
  pluie 30
Océan Atlantique 6, 7, 61
  Indien 39
  Pacifique 7, 45, 48, 52, 54
Orage 29, 34, 36, 44-46, 51, 54
Ouragan 7, 13, 42-43, 44-45
Oxygène 6
Ozone 61

PQ
Pascal, Blaise 52
Phlogistique 6
Photosynthèse 18
Planétaire 17
Pluie 6, 7, 14-15, 30
  torrentielle 31, 38, 44, 51
Pluviomètre 30, 63
Point de rosée 15, 22
Pôle Nord 40
Pression atmosphérique 11, 15, 18, 50, 52
Prévision, signes naturels de 8-9
  scientifique 10, 12-13, 14-15
Priestley, Joseph 6
Psychromètre 23
Queue de chat 29

RS
Radar 13, 14
Radiosonde 13
Rayonnement 61
Richardson, Lewis 15
Rosée 22, 33, 48
Saisons 17, 38
Sango, dieu 36
Satellite 10, 12-13, 14-15, 45, 61
Sierra 53, 54
Simoun 54
Smog 48
Soleil 16-17
Sphère armillaire 17
Station météo 12, 14-15, 52, 62-63
Strato-cumulus 28-29, 34
Stratopause 36-37
Stratosphère 7, 36
Stratus 26, 28, 30, 41, 58
Système mondial de télécommunication 14

T
Télégraphe 13
Température de l'air 7, 10, 42
Tempête 36-37, 44
  de houle 38, 44
Temps
  ensoleillé 18-19
  évolution du 60-61
  de mer 56-57
  de montagne 52-53
  moyen de Greenwich 13
  de plaine 54-55
Tension superficielle 23
Terre 6-7, 16-17
Thermomètre 11, 12, 23, 63
Thermosphère 7
Thor, dieu 36
Tonatuich, dieu 18
Tonnerre 36-37
Tornade 46-47
Torricelli, Evarista 10-11, 52
Tourbillon 47
Traîne de la vierge 29
Trombe 46-47
Tropopause 7, 36
Troposphère 6-7
Turbulence de l'air 57
Typhon 38, 44-45

VWZ
Vapeur d'eau 7, 19, 22, 24-25
Vent
  dominant 56
  force 43
  système de circulation 42
  vitesse 13, 14, 43, 44, 62
Ventimètre 62
Vikings 61
Visibilité 15, 23, 26, 48, 57
Willy-willies 44
Zone de convergence
  intertropicale 6
  subtropicale 16, 42
  tropicale 16

NOTES

Dorling Kindersley tient à remercier : Robert Baldwin du National Maritime Museum de Greenwich ; le Meteorological Office de Bracknell ; Met Check, David Donkin, Sophie Mitchell et Jane Parker.

Illustrations de Eugene Fleury et de John Woodcock

ICONOGRAPHIE

h = haut, b = bas, m = milieu,
g = gauche, d = droite

Alison Anholt-White 19, 28bm, 42md ; Aviation Picture Library 20mg ; Bridgeman Art Library 17h, 42hg, 42bg, 43hd, 43bd ; British Antarctic Survey 60m ; Bruce Coleman Picture Library 8mg, 14md, 20m, 2hd, 28-29m, 29hg, 52b, 54bg, 54-55, 59hm ; B. Cosgrove 24-25, 24m, 24md, 24bg, 25hd, 25mg, 28mg, 28m, 29hd, 29mg, 29md, 29mbd, 29bd ; Daily Telegraph Colour Library 7hd, 43hd ; Dr. E. K. Degginger 46mg, 46md, 47hd, 47m, 47b ; E. T. Archive 12m, 21bd, 31bd, 36hd ; European Space Agency 13 ; Mary Evans Picture Library 10bm, 13bg, 20hg, 24hd, 30hg, 30bg, 37hd, 41bd, 44hg, 45bd, 46bg, 47hg, 48b, 53md, 54mg, 60mg, 60md ; Werner Forman Archive 18mg, 36bg, 38m, 58b, 61hg ; Courtesy of Kate Fox 22b ; Hulton Deutsch Collection 55bd ; Hutchison Library 31bg, 61bg ; Image Bank 43md, 56-57, 57hd ; Istituto e Museo di Storia della Scienza (phot. Franca Principe) 2bd, 3bg, 10bg, 10d, 11hg, 11m, 11d, 11b ; Landscape Only 23md ; Frank Lane Picture Library 20bg, 22hg, 30m, 36m, 41bg, 44bg ; Mansell Collection 18hg, 43mbg, 43mg ; Meteorological Office 12bg, 12bd ; © Crown, 14mg, 15hg, 21h, 34h, 42hd, 45bg, 45hmg, 45m, 45hmd, 45hd, 49bg ; NASA. 16hg ; National Centre for Atmospheric Research 13bd, 37hm ; N.H.P.A. 44mg ; R. K. Pilsbury 8mdh, 8mdb, 15hm, 26-27, 32mg, 33hg, 33m, 34mg, 34bg, 35h, 50mg, 50m, 50md, 51hm, 51hg, 51bd ; Planet Earth 9mg, 18md, 20bd, 23mg, 41h, 53hd, 54bd, 55bg, 56b ; Popperfoto 21bg ; Rex Features 13hg ; Ann Ronan Picture Library 6hg, 12h, 13mg, 14hg, 23bg, 27bg, 27bd, 38hm, 61md ; Royal Meteorological Society 28hg ; David Sands 25bd ; M. Saunders 20-21h ; Scala 11hm ; Science Photo Library 36-37, 40m, 40bg, 40bm, 58m, 58-59, 61mg ; Frank Spooner/Gamma 38bg ; Stock Boston 48m ; Tony Stone Picture Library 6bg, 18bg, 31h, 48-49, 52-53 ; Wildlife Matters 8hd, 9hd ; Zefa 7mb, 7b, 24mg, 25hg, 39h, 47hm, 49bd, 50bg, 61bd
pp. 64 à 71 : D. R.
Couverture : © Dorling Kindersley Ltd
1er plat droite : D.R.

Nous sommes efforcés de retrouver les propriétaires des copyrights. Nous nous excusons pour tout oubli involontaire. Nous effectuerons toute modification éventuelle dans nos prochaines éditions.